OBSERVATIONS

SUR PLUSIEURS

PLANTES NOUVELLES,

RARES OU CRITIQUES DE LA FRANCE,

LYON. — IMPR DE DUMOULIN ET BONET.

OBSERVATIONS

SUR PLUSIEURS

PLANTES NOUVELLES

RARES OU CRITIQUES

DE LA FRANCE,

PAR

ALEXIS JORDAN.

(Lues à la Société Linnéenne de Lyon, le 12 avril 1847.)

SIXIÈME FRAGMENT.

———

AVRIL 1847.

———

PARIS.

J.-B. BAILLIÈRE, LIBRAIRE,

Rue de l'École-de-Médecine, 17.

———

1847.

OBSERVATIONS

SUR PLUSIEURS

PLANTES NOUVELLES,

RARES OU CRITIQUES DE LA FRANCE.

GENRE RANUNCULUS.

I. Les *Ficaria* ne sont plus séparés maintenant des *Ranunculus*, et je crois que c'est avec raison ; car, dans un genre où le style offre les dimensions les plus variées, sa brièveté ou sa nullité même n'est pas un caractère qui puisse suffire pour en exclure quelques espèces ; et l'on sait que c'est ce caractère unique qui distingue les *Ficaria* des *Ranunculus*, puisqu'il y a d'autres espèces de ce dernier genre qui ont le calice triphylle, telles que le *R. lapponicus* L., ou la corolle polypétale, telles que le *R. rutæfolius* L. Les *Ficaria*, dont on ne connaît encore que trois espèces, devront donc former une section dans le genre *Ranunculus*, jusqu'à ce qu'on ait jugé convenable de remplacer les sections principales de ce grand genre par autant de genre distincts ; ce qui serait un changement d'une utilité fort contestable, mais certainement tout aussi bien fondé en raison que plusieurs des innovations de nos modernes faiseurs de genre.

M. Robert a signalé dans son Catalogue d. pl. de Toulon, sous le nom de *F. grandiflora*, une espèce très-commune dans les

1

champs, aux environs de Toulon et d'Hyères, ainsi qu'à Antibes et à Nice, qui est certainement bien distincte de l'espèce ordinaire, *R. Ficaria* L. C'est la même plante qui a été décrite dans le Prodromus fl. Sic. de Gussone, sous le nom de *R. Ficaria* b. *calthæfolius.* Depuis, cet auteur dans le Syn. fl. Sic., 2, p. 41, la décrit comme étant exactement la même que le *R. Ficaria* L. Je pense d'après cela, qu'il est à propos d'indiquer les caractères qui séparent ces deux espèces. Comme il y a déjà un *R. grandiflorus,* je désignerai la plante de MM. Robert et Gussone sous le nom de R. calthæfolius. En voici la description.

Ranunculus calthæfolius (N.).

R. Ficaria b *calthæfolius* Guss. Prod. fl. Sic. 2, p. 45. — *Ficaria grandiflora* Robert, Cat. d. Toulon.

Fleurs grandes, solitaires au sommet des rameaux. Sépales 3-5, d'un blanc jaunâtre et scarieux, marqués de nervures, ovales, concaves. Pétales oblongs, en coin à la base, d'un jaune luisant. Ecaille des pétales ovale, émarginée, recouvrant la fossette nectarifère. Carpelles 20-30, souvent avortés, ovales-arrondis, renflés, un peu comprimés, rétrécis et substipités à la base, couverts de petits poils étalés, longs de 4 1/2 mill. sur 3 mill. de large. Réceptacle glabre, très-court. Feuilles larges, toutes pétiolées, ovales-orbiculaires, cordées à la base, à lobes de l'échancrure arrondis et très-rapprochés ou incombants dans les feuilles infé-. rieures, à crénelures arrondies souvent nulles ou peu distinctes. Tiges peu rameuses, dressées, fistuleuses, sillonnées, glabres ainsi que toute la plante. Souche verticale, presque nulle, émettant des stolons très-courts et non persistants. Racine formée de tubercules oblongs ou en massue, plus ou moins allongés, dis_posés en faisceau mêlé de fibres capillaires. Plante glabre de 2 à 5 décim.

Il croît dans les champs cultivés à Toulon, Hyères, Nice, etc. Il fleurit en février et mars. Les pédoncules sont épais et sillon-

nés. Le diamètre des fleurs est de 3-5 cent. Les pétales ont de
5 à 10 mill. de large ; ils sont un peu rétrécis vers l'extrémité ;
leur couleur est d'un jaune doré très-luisant, avec une tache
grisâtre qui occupe tout leur tiers inférieur et offre à son sommet des dents très-saillantes. Les étamines n'égalent pas la
moitié de la longueur des pétales, et dépassent de beaucoup
le capitule des ovaires ; les anthères sont jaunes, oblongues,
longues de 3 mill. sur 1 1/2 mill. de large ; les filets sont épaissis
supérieurement et de la longueur des anthères. Les ovaires sont
obovés et hispidules. Les carpelles ne sont point très-obtus au
sommet. Les feuilles sont d'un beau vert, assez luisantes, rarement tachées, un peu épaisses, très-glabres, et atteignent souvent
5-6 cent. en diamètre ; elles n'offrent pas de bulbilles à leur
aisselle ; les pétioles sont allongés, dilatés, engaînants et scarieux
à la base. Les tiges sont très-peu ascendantes à la base. La plante
se propage par des stolons très-courts, épais, blanchâtres, dont
on ne trouve aucune trace au moment de la floraison.

Le *R. Ficaria* L. — *Ficaria ranunculoides* Mœnch. se distingue du précédent par ses fleurs de moitié plus petites dans
toutes leurs parties ; ses sépales de couleur verdâtre ; ses pétales
plus régulièrement oblongs, étant un peu moins rétrécis à leur
extrémité supérieure, à écaille plus large recouvrant la fossette
nectarifère ; ses carpelles de moitié plus petits, plus globu-
leux, plus obtusément arrondis au sommet ; son réceptacle
plus ovale ; ses feuilles plus petites, arrondies-réniformes, à sinus
de la base plus ouvert, beaucoup plus sinuées et anguleuses sur
les bords, munies souvent de bulbilles à leur aisselle ; ses tiges
beaucoup plus grêles, moins dressées, souvent couchées inférieurement et ascendantes ; sa racine à stolons plus fins et plus
allongés, qui disparaissent aussi très-promptement. Sa floraison
est plus tardive ; et aux environs de Toulon et d'Hyères on ne
le voit fleurir que vers le commencement d'avril, lorsque l'autre
espèce est déjà entièrement passée. Sa station n'est pas la même,

car il vient plus rarement dans les champs cultivés et se plait surtout dans les fossés et les lieux ombragés.

Le *R. Ficarioides* Bor. et Chaub. est très-voisin du *R. Ficaria* L., dont il diffère surtout par ses fleurs beaucoup plus petites, ses feuilles profondément crénelées-lobées, et sa racine à tubercules très-allongés. Il habite les régions alpines du mont Taygète en Grèce.

II. Les *R. chœrophyllos* L. et *monspeliacus* L. sont deux espèces qui ne me paraissent pas très-clairement définies dans nos Flores, et avec lesquelles sont encore confondues d'autres espèces voisines. Linné attribue à son *R. chœrophyllos* des pédoncules sillonnés et des sépales réfléchis. Ces caractères ne peuvent convenir à la plante connue généralement en France sous ce nom, puisqu'elle a, au contraire, les pédoncules non sillonnés et les pétales appliqués ; mais, comme le *R. chœrophyllos* est indiqué en France et qu'on ignore encore à quelle autre espèce la description Linnéenne se rapporte, on peut très-bien s'en tenir à l'usage adopté et nommer *R. chœrophyllos* l'espèce décrite par De Candolle, dans sa Flore française, v. 4, p. 900. C'est une plante assez commune sur les collines et parmi les pâturages secs dans une grande partie de la France ; à tige assez basse, velue, presque nue, ordinairement uniflore ; à feuilles velues-pubescentes, ovales, souvent arrondies mais peu ou point en cœur à la base, plus ou moins dentées lobées pinnatiséquées, à lobes un peu obtus. Ses fleurs sont assez grandes ; à sépales appliqués ou étalés, hispides, ovales-lancéolés, munis d'une large bordure jaune ; à pétales d'un jaune doré luisant, très-élargis et arrondis au sommet. Ses carpelles sont disposés en capitule elliptique-oblongs, très-finement ponctués, à style un peu courbé en dehors.

J'ai observé dans diverses localités du midi de la France, notamment aux environs d'Hyères, une autre plante très-voisine de celle dont je viens de parler, qui croit souvent dans les mêmes lieux et parait différente. Elle est ordinairement beaucoup moins

velue, et les poils dont sa tige est couverte sont demi-appliqués et
non très-étalés. Ses feuilles sont plus arrondies dans leur pourtour, souvent cordées à la base, à lobes plus aigus. Ses fleurs sont
plus nombreuses, à sépales plus appliqués, à anthères de forme
plus élargie et dépassant toujours les capitules des ovaires. Ses
carpelles sont disposés en capitule plus court, et leur bec est peu
ou point courbé en dehors. J'ai considéré longtemps cette plante
comme étant le *R. flabellatus* Desf. Fl. atl. 1, p. 438, t. 114 ;
mais, d'après les renseignements que vient de me transmettre
mon ami, M. Sagot, sur la plante de l'herbier de Desfontaines, j'ai
lieu de croire que cette dernière est différente, car elle a un tout
autre aspect ; ses feuilles radicales primordiales sont glabres,
beaucoup plus grandes et plus épaisses, de forme ovale, rétrécies
à la base, incisées-dentées au sommet, toutes à dents aiguës ; ses
carpelles paraissent plus petits et à style plus court. Il est donc
probable que le *R. flabellatus* Desf. est une espèce africaine distincte des plantes de France, d'Italie et de Grèce, qui lui ont été
rapportées. Cependant je n'ai pas à cet égard une certitude bien
complète, et ce n'est pas sans quelque hésitation que je propose
un nom nouveau pour l'espèce dont j'ai parlé et dont voici la
description.

RANUNCULUS CHÆROPHYLLOIDES (N.).

Fleurs peu nombreuses, quelquefois solitaires ; sépales lancéolés, velus, appliqués. Pétales obovales-arrondis, munis à la base
d'une écaille très-petite, tronquée, aussi large que longue. Étamines dépassant le capitule des ovaires. Carpelles disposés en épi
elliptique très-serré, souvent avortés, obovales-arrondis, comprimés, très-finement tuberculeux-ponctués, subhispidules, terminés par un bec lancéolé droit ou très-légèrement courbé à
l'extrémité, qui n'égale pas leur longueur. Feuilles d'un vert
foncé, un peu luisantes, couvertes de poils demi-appliqués, ou
souvent glabriuscules ; les radicales primordiales de l'automne

orbiculaires, cordées à la base, à bords inférieurs très-écartés du pétiole, sub-trilobées, crénelées à dents obtuses ; les primordiales du printemps obovales-arrondies, un peu rétrécies à la base, incisées sub-trilobées au sommet, à lobes presque aigus ; les suivantes largement ovales dans leur pourtour, trifides ou tripartites à segments obovés, divisés en lobes plus ou moins profonds, oblongs-linéaires, un peu aigus ; les caulinaires sessiles, peu nombreuses, à trois segments oblongs souvent dentés et aigus. Tige couverte de poils demi-appliqués, dressée, ferme, rarement simple ; rameaux uniflores, peu nombreux, très-peu étalés, non sillonnés, légèrement épaissis au sommet à la maturité. Souche verticale, très-courte, couronnée par les nervures persistantes des feuilles détruites, émettant des stolons souterrains filiformes, blanchâtres et non persistants. Racine formée de tubercules nombreux, fasciculés, elliptiques, prolongés en fibre grêle, entremêlés de fibres capillaires.

Il ne paraît point rare dans la région méditerranéenne du midi de la France. Je l'ai observé notamment sur les collines des terrains primitifs aux environs d'Hyères (Var), d'où je l'ai rapporté vivant dans mon jardin. Il fleurit en mai. Les fleurs sont assez grandes et d'un beau jaune. Les sépales sont verdâtres à l'état jeune et couverts de poils qui deviennent souvent roussâtres ; ils sont munis d'une bordure membraneuse jaune qui est très-étroite dans les extérieurs ; ceux-ci sont un peu plus longs et plus étroits que les intérieurs. Les pétales sont longs de 15 mill. sur 12-14 mill. de large environ ; leur écaille est longue de 1 1/4 mill. sur 1 1/5 mill. de large. Les anthères sont d'un beau jaune, oblongues, longues de 2 3/4 mill. sur 1 1/2 mill. de large ; leurs filets sont un peu épaissis supérieurement et longs de 3 mill. environ. Les carpelles sont très-nombreux. Les feuilles primordiales sont peu hispides ou presque glabres et d'un vert un peu luisant, à lobes un peu obtus. Les fibres tubéreuses de la racine sont blanchâtres et fort courtes.

Le *R. chœrophyllos* L. est toujours facile à reconnaître aux poils étalés et très-nombreux qui recouvrent les pétioles et surtout le bas de la tige, à ses feuilles toujours ovales dans leur pourtour et non arrondies ou obovées, à ses capitules fructifères plus allongés et ses carpelles dont le bec est plus courbé. Ayant cultivé ces deux plantes, l'une à côté de l'autre, j'ai toujours vu que les vraies feuilles primordiales offraient des dents plus aiguës dans le *chœrophyllos* que dans l'autre espèce, tandis que celles qui les suivent immédiatement étaient au contraire divisées en lobes évidemment plus obtus. Les primordiales sont également plus égales et plus arrondies à la base dans le *chœrophyllos*, et rarement un peu cordées à l'automne. Dans le *chœrophylloïdes*, elles sont obovées au printemps et orbiculaires à l'automne, tantôt très en cœur, tantôt un peu rétrécies à la base, ordinairement subtrilobées et non très-simplement dentées, toujours de forme plus élargies que celle du *chœrophyllos*.

La taille de ces deux plantes est très-variable. Le *R. chœrophyllos* est un peu plus grêle. Cependant, dans certaines localités, sa tige s'allonge beaucoup et s'élève même jusqu'à 3 et 4 déc. J'ai observé des individus à sépales fort étalés et à pédoncules fructifères légèrement sillonnés, mais dont on ne pouvait pas dire cependant : *sepalis reflexis, pedunculis sulcatis,* comme porte la description Linnéenne.

J'ai trouvé à Hyères une autre forme très-remarquable sur laquelle il convient d'appeler l'attention. Elle diffère des deux espèces que je viens de décrire par ses fleurs plus petites et beaucoup plus nombreuses, les rameaux étant divisés et presque en corymbe. Ses carpelles sont assez fortement courbés en dehors et forment des épis encore plus courts et plus petits que dans le *R. chœrophylloïdes*. Ses feuilles sont ovales, très-découpées, à lobes obtus plus courts que dans le *R. chœrophyllos* ; je n'ai pas vu les primordiales. La pubescence des feuilles et des tiges est appliquée et un peu soyeuse. La racine est formée de tubercules très-courts.

Je désignerai provisoirement cette forme remarquable sous le nom de *R. collinus*. Elle a quelque rapport avec le *R. garganicus* Ten. ; mais celui-ci en diffère par ses fleurs plus grandes à pétales crénelés, ses carpelles disposés en épi cylindrique, et sa racine à tubercules plus allongés.

Le *R. millefoliatus* Vahl. qui ne croît pas en France est très-distinct par ses carpelles arrondis lisses à bec très-onciné, ses feuilles finement découpées à lobes obtus, sa souche non couronnée par les nervures des feuilles détruites. Il varie à tige et à pétioles presques glabres ou mollement hérissés.

Le *R. monspeliacus* L. est très-peu reconnaissable dans la description donnée par De Candolle, dans sa Flore française, v. 4, p. 899, et 5, p. 668, ainsi que dans le Prodr. vég. 1, p. 27. Cet auteur paraît avoir groupé ensemble plusieurs plantes différentes, en négligeant l'étude de leurs caractères distinctifs. Il est résulté de là, comme cela arrive dans toutes les confusions de ce genre, que l'espèce prise pour type ayant été définie d'une manière extrêmement vague, de nombreuses méprises ont eu lieu et que divers auteurs ont été souvent dans l'embarras pour établir les caractères d'autres espèces voisines mais bien distinctes. Linné décrit très-succinctement le *R. monspeliacus* ; il lui attribue des feuilles tripartites crénelées et une tige velue presque nue et uniflore. Il est difficile de savoir au juste ce que peut être une plante ainsi décrite. Cependant, en examinant les diverses plantes de la région méridionnale qui ont pu être rapportées au *R. monspeliacus* L., on n'en trouve qu'une seule dont on puisse dire : *foliis tripartitis crenatis* ; c'est celle qui est indiquée par De Candolle sous le nom de *R. monspeliacus* γ *rotundifolius* dans le Prodr. p. 27 ; et il est très-probable que c'est bien l'espèce qu'a eue en vue Linné, quoiqu'elle ait souvent la tige assez rameuse et multiflore. Cette plante n'est point très-méridionale, comme on l'a cru souvent et comme le nom qu'elle porte le ferait supposer ; car elle habite plutôt les régions tempérées des pays monta-

gneux du Haut-Languedoc, et elle est rare dans la région méditerranéenne proprement dite. Je l'ai toujours vue très-constante
dans sa forme. En voici la description.

RANUNCULUS MONSPELIACUS L.

Linné, Sp. pl. p. 778. *R. monspeliacus γ rotundifolius* D. C .Pr. 1, p. 27.

Fleurs solitaires ou souvent assez nombreuses ; sépales lancéolés, velus, entièrement réfléchis pendant la floraison. Pétales
arrondis-obovés rétrécis à la base en onglet étroit, munis au-
dessus de l'onglet d'une écaille très-courte, tronquée-émarginée.
Etamines ne dépassant pas le capitule des ovaires. Carpelles disposés en épi elliptique-oblong, arrondis, finement tuberculeux,
hispidules, terminés par un bec comprimé acuminé assez courbé
en dehors et égal à la moitié de leur longueur. Feuilles d'un vert
assez clair, velues-pubescentes, rarement un peu soyeuses-blan-
châtres, plus rarement glabriuscules, presque toutes radicales et
longuement pétiolées ; les primordiales orbiculaires, subtrilobées,
crénelées à dents obtuses, à bords postérieurs très-écartés du pétiole
ou le recouvrant complètement dans celles de l'automne ;. les suivantes profondément trilobées ou tripartites à segments larges,
obovales-arrondis, se recouvrant par les bords, crénelés ou incisés-lobés à lobes assez courts et obtus ; toutes orbiculaires ou
ovales-arrondies dans leur pourtour ; les caulinaires très-peu
nombreuses, tripartites, à segments oblongs entiers ou trilobés.
Tige plus ou moins velue-pubescente, dressée, un peu flexueuse,
simple ou ramifiée au sommet ; rameaux un peu étalés, finement
sillonnés, non épaissis au sommet. Souche verticale, presque
nulle, émettant des stolons filiformes blanchâtres très-allongés et
assez persistants. Racine formée de fibres capillaires la plupart
renflées à la base en forme de tubercules grisâtres cylindriques
oblongs ou linéaires. Plante de 2 à 3 déc.

Il croit dans les lieux secs et un peu herbeux des collines, surtout des terrains primitifs, et se trouve dans un grand nombre de localités des départements du Gard, de l'Hérault, de la Lozère, de l'Ardèche, du Rhône. etc., etc. Il fleurit en mai. Il est très-distinct des *R. chærophyllos* et *chærophylloides* par ses fleurs d'un jaune pâle; ses sépales réfléchis; ses étamines plus courtes, à anthères plus petites, à filets moins épaissis; ses carpelles un peu tuberculeux et à bec assez courbé; ses feuilles d'un vert moins foncé, toutes orbiculaires, toujours en cœur à la base, à crénelures plus obtuses, à segments plus larges se recouvrant par leurs bords et bien moins profondément découpés multifides; sa tige moins ferme et à rameaux plus ouverts; sa souche qui ne conserve pas les vestiges de feuilles détruites et paraît presque nulle.

La plante figurée par De Candolle dans ses Ic. pl. rar. 1. 50, qui est son *R. monspeliacus* b *cuneatus*, ne me paraît pas correspondre à celle que je viens de décrire; elle présente des feuilles moins arrondies dans leur pourtour et plus profondément découpées. Cette figure citée ne convient pas mieux à une autre espèce dont j'ai à parler, et qui est remarquable surtout par ses feuilles ovales, incisées-dentées ou lobées, à lobes étroits et aigus. En voici la description.

Ranunculus albicans (N.).

Fleurs peu nombreuses; sépales tout couverts de poils soyeux blanchâtres, lancéolés, étalés ou réfléchis pendant la floraison. Pétales d'un jaune luisant assez pâle, arrondis, rétrécis en onglet à la base, munis au-dessus de l'onglet d'une écaille ovale tronquée. Etamines ne dépassant pas le capitule des ovaires. Carpelles disposés en épi elliptique-oblong, obovales-arrondis, finement tuberculeux et hispidules, terminés par un bec acuminé dressé ou faiblement courbé en dehors qui n'égale pas leur longueur. Feuilles d'un vert clair, couvertes de poils soyeux-blanchâtres, presque toutes radicales et longuement pétiolées;

les primordiales ovales, souvent un peu rétrécies et point en
cœur à la base, incisées-dentées dans leur moitié supérieure, à
dents aiguës; les suivantes trifides ou subtripartites à divisions
oblongues-cunéiformes, ne se recouvrant pas par leurs bords,
plus ou moins incisées-dentées ou lobées, à lobes étroits et un
peu aigus; toutes ovales dans leur pourtour; les caulinaires très-
peu nombreuses, à segments et à lobes linéaires. Tige couverte
ainsi que toute la plante de poils soyeux-blanchâtres, dressée,
assez ferme, terminée par deux ou trois rameaux peu étalés et uniflores. Souche verticale, presque nulle, émettant des stolons
filiformes blanchâtres très-allongés et assez persistants. Racine formée de fibres capillaires, la plupart renflées à la base en forme
de tubercules grisâtres cylindriques-oblongs. Plante de 2 à 4 déc.

J'ai recueilli cette espèce aux environs de Nîmes sur les collines qui bordent le Gardon, entre le pont du Gard et le pont
St-Nicolas, près Vic. Elle fleurit en mai. Le *R. monspeliacus* vient
aussi au pont du Gard où je l'ai récolté, et il n'est pas douteux
pour moi que ces deux plantes qui croissent dans les mêmes
lieux ne soient deux bonnes espèces. Je n'ai pas encore pu
examiner de très-bons carpelles du *R. albicans*; mais ils paraissent
à l'état jeune munis d'un bec moins courbé et plus long. La
forme des feuilles est caractéristique dans ces deux espèces. Il
est vrai que l'on a attribué au *R. monspeliacus* des feuilles pro-
digieusement variables de forme, mais je crois que c'est là une
simple assertion dénuée de preuves et même de vraisemblance;
car, j'ai pu observer le *R. monspeliacus* que je viens de décrire
dans un très-grand nombre de localités et je l'ai cultivé longtemps, sans avoir jamais remarqué aucun changement dans la
forme ordinaire de ses feuilles, qui varient sur un même pied
dans leurs découpures, mais toujours d'après une certaine loi,
comme dans toutes les espèces du genre. La tige du *R. albicans*
est plus ferme et un peu plus épaisse que celle du *R. monspeliacus.* Ses feuilles sont très-soyeuses-blanchâtres, surtout en

dessus, et le duvet dont elles sont couvertes ainsi que les pétioles et tout le reste de la plante est toujours bien plus abondant et plus allongé. Les fibres tuberculeuses de sa racine sont plus épaisses et plus courtes.

Il me semble douteux que le *R. monspeliacus* a *angustilobus* D. C., qui paraît le même que le *R. illyricus* Gou. Monsp. p. 269 et Villars Fl. Dauph. 3, p. 752, doive être rapporté au *R. albicans;* car la description des feuilles ne lui convient pas. J'ai vu un exemplaire d'une plante de Provence qui est peut-être cette variété de De Candolle. Elle est toute blanche-soyeuse ; ses feuilles radicales sont profondément découpées et à lobes linéaires ; ses carpelles ont le bec courbé assez fortement. M. Sagot m'a envoyé le dessin d'une plante semblable des environs de Digne, qui se trouve dans l'herbier de M. Webb.

Le *R. illyricus* L., qui ne croît pas en France, est très-distinct des plantes dont je viens de parler par la forme des feuilles, qui sont divisées jusqu'à la base en trois segments linéaires ou linéaires-lancéolés très-entiers; le duvet blanchâtre dont elles sont couvertes est plus court et plus cotonneux que dans le *R. albicans.* La tige est flexueuse, assez grêle, subuniflore. Les pétales sont obovales et d'un jaune vif. Les étamines dépassent le capitule des ovaires. Les carpelles sont assez fortement courbés et oncinés.

Le *R. Sprunnerianus* Boiss. est une plante de Grèce fort voisine du *R. monspeliacus* mais bien caractérisée. J'ai reçu sous ce nom trois plantes qu'il m'est impossible de considérer comme appartenant à une même espèce. La première qui est le *R. oxyspermus* Sprunner ! non M. B. est sans doute le véritable *Sprunnerianus.* Ses fleurs sont grandes et nombreuses, à sépales appliqués larges et ovales, marqués de nervures nombreuses, à pétales d'un jaune doré très-régulièrement arrondis au sommet et un peu en coin à la base. Ses carpelles sont disposés en épi elliptique-oblong, tuberculeux et hispidules sur le disque, assez largement bordés et terminés par un bec étalé courbé en dehors et onciné. Ses feuilles sont plus ou moins velues-pubescentes ainsi que leurs pétioles, orbiculaires dans leur pourtour, tri-quinquefides ou tripartites à segments larges, obovés, se recouvrant souvent par leurs bords, obtusément crénelés ou lobés. Sa tige est ferme, haute de 2-4 déc., divisée vers le milieu en rameaux assez nombreux, dressés-étalés, souvent assez divergents au sommet à la maturité et légèrement sillonnés. Sa souche est pourvue de stolons filiformes et de fibres fasciculées renflées-cylindriques à leur base.

La seconde forme, dont j'ai reçu de beaux exemplaires récoltés par M. de Heldreich dans l'Attique, a les fleurs de moitié plus petites que celles de la précédente et d'un jaune plus pâle ; les sépales petits, appliqués, de forme oblongue et non ovale, marqués seulement de 5-6 nervures ; les pétales obovés-cunéiformes, élargis et presque tronqués au sommet, d'un jaune assez pâle ; les carpelles disposés en épi elliptique, également tuberculeux et hispidules sur les faces, terminés par un bec très-étalé un peu courbé et plus finement oncinulé au sommet ; les feuilles plus hérissées de poils, de forme également orbiculaire, tri-quinquefide à divisions moins élargies, un peu écartées, ne se recouvrant pas par leurs bords et séparées par des sinus plus arrondis ; la tige beaucoup plus basse, divisée au-dessous du milieu en rameaux nombreux très-divariqués dès la base, souvent un peu ascendants au sommet à la maturité et non sillonnés ; la souche pourvue de stolons et de fibres radicales renflées-cylindriques très-allongées.

La troisième forme qui provient des environs d'Argos a les fleurs un peu plus grandes que la seconde ; les sépales appliqués, larges, ovales, à nervures peu nombreuses ; les pétales arrondis au sommet et assez longuement rétrécis en onglet à la base ; les carpelles en épi elliptique, à faces ponctuées et hispidules mais non tuberculeuses, terminés par un bec non étalé droit et un peu courbé seulement au sommet ; les feuilles assez velues, de forme ovale-arrondie, faiblement en cœur à la base, tri-quinquefide ou à trois segments incisés-lobés dont l'intermédiaire est assez longuement pétiolulé et dont les lobes sont un peu aigus ; la tige ferme, assez robuste, divisée vers le milieu en rameaux dressés un peu étalés souvent flexueux ; la souche assez garnie des nervures des feuilles détruites, pourvue d'un faisceau de tubercules ovales-elliptiques blanchâtres entremêlés de fibres capillaires.

La première et la seconde forme sont très-différentes de port et d'aspect. Comme la seconde habite des lieux rocailleux, on peut admettre jusqu'à un certain point qu'elle serait redevable à son *habitat* de sa taille basse et de ses rameaux divariqués ; mais, ce qui me paraît inadmissible, c'est que non seulement la grandeur et la couleur, mais la forme des pétales, ainsi que le nombre des nervures et la forme des sépales, aient pu changer complètement par la seule influence des lieux. Il me paraît donc probable qu'elle doit faire une espèce distincte, quoique les carpelles aient beaucoup de similitude, et je propose pour elle le nom de *R. divergens*.

La troisième forme est, selon moi, une espèce très-bien caractérisée par ses carpelles à faces non tuberculeuses et à bec dressé ; ses feuilles à segment intermédiaire pétiolé et à lobes un peu aigus ; sa souche couronnée des nervures des feuilles détruites ; sa racine formée de tubercules courts et renflés totalement différents de ceux des deux autres espèces. Je la nommerai *R. Heldreichanus*.

Les *R. Reuterianus* Boiss., *psilostachys* Griseb., *rumelicus* Griseb., *granulatus* Griseb., se rapprochent du *R. monspeliacus* L. par leurs sépales réfléchis. Le premier est *adpresse hirsutus*, ce qui l'éloigne du *monspeliacus* et de celui que j'ai nommé *Heldreichanus*, qui est mollement hérissé sur la tige les feuilles et les pétioles ; il n'a pas comme ce dernier le segment moyen des feuilles pétiolulé, mais il lui ressemble beaucoup par le port et la racine.

Je ne vois pas très-bien, d'après la description donnée par Grisebach, Spic. fl. rum. p. 304, et d'après les exemplaires que je possède, ce qui distingue le *R. psilosachys* Grisch du *R. monspeliacus* L. Ces deux espèces sont certainement très-voisines. Le *R. rumelicus* Griseb. ne parait pas mieux caractérisé. Le R. *granulatus* Griseb., est remarquable par ses sépales glabres et se rapproche des *R. chœrophyllos* L. et *peloponesiacus* Boiss.

III. On confond généralement sous le nom de *R. acris* L. plusieurs formes qui sont des espèces distinctes. Quelques botanistes séparent ces formes sous des noms de variétés; mais ils ne sont pas d'accord sur celle qui doit représenter le type de l'espèce. M. Boreau, dans sa Flore du Centre, décrit comme le type de l'*acris* une forme qui parait propre à l'ouest de la France et lui rapporte en variété le *R. Steveni* Andrz., tandis que ce dernier est, au contraire, l'*acris* de la plupart des auteurs. Il indique en outre une seconde variété à feuilles très-velues, qui est le *R. lanuginosus* var. b D.C. Fl. fr. v. 4, p. 899. — *R. sylvaticus* Fries, Nov. Mant. III, p. 59, non Thuillier. Ayant cultivé ces trois formes et m'étant assuré qu'elles conservaient leurs caractères et se reproduisaient de leurs graines sans éprouver aucun changement, je viens les proposer comme autant d'espèces distinctes. En voici la description.

RANUNCULUS ACRIS L.

Linné, Sp. pl. p. 799. — D. C. Fl. fr. 4, p. 899. — Koch, Syn. fl. germ. p. 18. — Godron, Fl. de Lorr. 1, p. 21. — *R. Steveni* Andr. ap. Besser En. Volh. p. 22.

Fleurs nombreuses, portées sur des pédoncules non sillonnés. Sépales ovales-elliptiques, velus, étalés. Pétales obovales-cunéiformes, munis à la base d'une écaille tronquée plus large que longue et beaucoup plus étroite que l'onglet. Carpelles disposés en tête globuleuse, obovales-arrondis, comprimés, à faces lisses et planes, munis d'une bordure assez étroite et d'un bec court et incliné dont la pointe est un peu courbée et peu persistante. Feuilles vertes, couvertes, surtout en dessous et sur les pétioles, de poils courts demi-appliqués; les inférieures assez longuement pétiolées, subpentagonales dans leur pourtour et profondément divisées en 3-5 lobes rhomboïdaux-cunéiformes, peu élargis et ne se recouvrant pas par les bords, trifides et incisés-dentés à dents aiguës; les latéraux plus courts, à bords postérieurs très-écartés du pétiole; feuilles supérieures presque sessiles, à trois segments incisés-dentés ou entiers et sublinéaires. Tige dressée, fistuleuse, non sillonnée, couverte de poils courts et appliqués, divisée au sommet en rameaux peu étalés et multiflores. Souche formée de rhizômes obliques ou presque horizontaux, couverts en dessus des vestiges des pétioles et parsemés de poils un peu fauves, pourvus inférieurement dans toute leur longueur de fibres radicales allongées simples et assez nombreuses, émettant des bourgeons de tiges ascendants revêtus d'écailles embrassantes et acuminées. Plante de 4-5 déc.

Il paraît commun partout, principalement dans les prairies. Je l'ai observé dans les prairies des bords de la mer en Provence, aussi bien que dans les pâturages les plus élevés des Alpes et des Pyrénées. Dans ces divers lieux, il ne présente pas de modifications importantes autres que celles de la taille qui est plus ou moins élevée ou des feuilles qui sont plus ou moins velues et dont les lobes varient de largeur. Il fleurit en mai et juin. Les fleurs sont de grandeur moyenne et d'un beau jaune doré. Les sépales sont munis de 7-9 nervures et d'une bordure membraneuse jaunâtre. Les pétales sont longs de 12 mill. sur 11 mill. de large environ; leur écaille est longue de 3/4 mill. sur 1 1/5 mill. de large. Les étamines dépassent le capitule des ovaires; leurs anthères sont linéaires-oblongues et d'un beau jaune, longues de 2 mill. sur 2/3 mill. de large; la longueur des filets varie de 3-5 mill.. Les carpelles sont au nombre de 20-30. Le réceptacle est court, glabre, lisse, sillonné. Les cotylédons sont elliptiques et un peu tronqués au sommet, longs de

5-6 mill. sur 3-4 mill. de large, à pétiole presque d'égale longueur. Les feuilles primordiales sont un peu hispides, ovales-
arrondies, point en cœur à la base, trilobées au sommet et à
lobes assez étalés. Les rhizòmes de la souche sont déprimés,
semi-cylindriques, assez grèles à leur base, épaissis supérieurement, s'allongeant jusqu'à 5-10 cent. ; leurs ramifications sont
un peu écartées, mais non divergentes à angle droit; elles
s'étendent et se multiplient successivement, et la souche envahit
bientôt un assez grand espace.

RANUNCULUS FRIESANUS (N.).

R. sylvaticus Fries, Nov. fl. suec. Mant. III, p. 50, non Thuillier. —
R. lanuginosus D. C. Fl fr. 4, p. 899, non L. — *R. acris* var. Auctor.

Fleurs nombreuses portées sur dés pédoncules non sillonnés.
Sépales ovales-elliptiques, velus, étalés. Pétales obovales-arrondis,
en coin à la base, munis d'une écaille tronquée plus large que
longue et presque égale à l'onglet. Carpelles disposés en tête globuleuse, obovales-arrondis, comprimés, à faces lisses et planes,
munis d'une bordure assez large et d'un bec très-court droit, dont
la pointe est courbée et promptement sphacélée. Feuilles vertes,
couvertes, surtout en dessous et sur les pétioles, de poils étalés un
peu fauves dans le bas de la plante ; les inférieures longuement
pétiolées, orbiculaires-pentagonales dans leur pourtour et profondément divisées en 5 lobes de forme ovale-rhomboidale, très-élargis et se recouvrant par leurs bords, contractés vers la base, tri-
quinquefides et incisés-dentés à dents un peu aiguës; les latéraux à
bords postérieurs souvent contigus et non écartés du pétiole; feuilles
supérieures presque sessiles, à 5 divisions allongées et incisées-dentées, ou presque entières et linéaires-lancéolées dans le haut. Tige
dressée, fistuleuse, non sillonnée, couverte surtout dans sa partie
inférieure de poils fauves ou roussàtres très-étalés, divisée au
sommet en rameaux peu étalés et multiflores. Souche formée de

2

rhizômes obliques ou presque horizontaux, couverts en dessus des vestiges des pétioles et tout hérissés de poils fauves, pourvus inférieurement dans toute leur longueur de fibres radicales allongées simples et assez nombreuses, émettant des bourgeons de tiges ascendants divergents revêtus d'écailles embrassantes larges et peu pointues à leur sommet. Plante de 4-6 déc.

Il est un peu moins commun que le *R. acris*, et il croît surtout dans les bois, sur les lisières, le long des haies et dans les prairies sèches des pays montagneux. Il fleurit en mai et juin. Les fleurs sont d'un jaune doré, comme dans l'*acris*, et ordinairement un peu plus grandes ; les sépales sont de forme très-semblable et également munis de 7-9 nervures et d'une bordure membraneuse jaune assez large. Les pétales sont plus élargis au sommet, ayant environ 14 mill. de largeur sur 12 mill. de longueur ; leur écaille est large transversalement de 1 1/2 mill. et longue de 1 mill. Les étamines dépassent le capitule des ovaires ; la longueur des anthères est de 1 3/4 mill. sur 3/4 mill. de large ; la longueur des filets varie de 3 à 5 mill. Les carpelles ont 2 1/2 mill. de diamètre, et leur bec est plus court que dans l'*acris*, mais sa pointe est souvent plus allongée. Le réceptacle est de même glabre, sillonné, lisse, un peu tuberculeux à la base où s'insèrent les étamines. Les cotylédons sont ovales-elliptiques, non tronqués au sommet, larges de 6-7 mill. sur 5 mill. de large, souvent plus courts que leur pétiole. Les feuilles primordiales sont quinquelobés, de forme arrondie, en cœur à la base, très-velues ainsi que leurs pétioles. Les rhizômes de la souche sont déprimés et subcylindriques comme dans l'*acris*, mais plus épais, plus hérissés de poils et à ramifications très-divergentes. Il s'étendent beaucoup et envahissent promptement un grand espace. Les bourgeons de tige sont plus épais et plus velus que dans l'*acris*, et les écailles dont ils sont revêtus sont plus larges et moins acuminées.

Ranunculus Boræanus (N.).

R. acris var. a Boreau, Fl. du Cent. p. 10. — R. acris γ multifidus D. C. Pr. 1, p. 36.

Fleurs nombreuses, portées sur des pédoncules non sillonnés. Sépales ovales, velus, étalés. Pétales obovales-cunéiformes, munis à la base d'une écaille tronquée plus longue que large et plus étroite que l'onglet. Carpelles disposés en tête globuleuse, obovales-arrondis, comprimés, à faces lisses et planes, fortement bordés et munis d'un bec étroit, comprimé, très-court, droit, dont la pointe est courte oncinulée et promptement sphacélée. Feuilles d'un vert sombre, couvertes de poils très-courts et appliqués; les inférieures longuement pétiolées, orbiculaires-pentagonales dans leur pourtour et très-profondément divisées en 5-7 lobes de forme ovale-rhomboïdale, allongés, se recouvrant par les bords, cunéiformes à la base, tri-quinquefides, à subdivisions étroites et profondes incisées-dentées à dents aiguës-sublinéaires; les latéraux à bords postérieurs assez rapprochés du pétiole, mais rarement contigus; feuilles supérieures presque sessiles, à 3 segments linéaires très-aigus presque entiers. Tige dressée, fistuleuse, non sillonnée, couverte de poils très-fins et très-appliqués, ou souvent presque glabre surtout dans le bas, assez ramifiée au sommet et multiflore. Souche très-compacte, émettant des bourgeons de tige dressés, rapprochés, nullement prolongés en rhizómes à leur base et presque glabres. Fibres radicales très-nombreuses. Plante de 5-6 déc.

Il croit dans les prairies de l'ouest de la France, d'où je l'ai reçu de M. Boreau. Il fleurit en mai. Les fleurs diffèrent peu par leur grandeur et leur aspect de celles des deux espèces qui précèdent. Les sépales sont un peu plus larges. Les pétales sont plus cunéiformes que dans le *Friesanus*, et un peu plus longs que larges; leur écaille est longue de 1 mill. sur 3/4 mill. de large.

Les étamines sont très-semblables, mais plus courtes; à filets plus fins, longs de 3-4 mill.; à anthères d'un jaune un peu plus pâle, longues de 1 1/2 mill. sur 3/4 mill. de large. Les carpelles sont au nombre de 30-40; leur diamètre est de 2 1/2 mill. environ. Le bec n'égale pas 1 mill. en longueur. Le réceptacle est glabre et sillonné, comme dans les deux autres. Les cotylédons sont ovales, tronqués et subémarginés au sommet, longs de 6-7 mill. sur 5-6 mill. de large, souvent plus courts que leur pétiole. Les feuilles primordiales sont légèrement hispidules, ovales-arrondies, en cœur à la base, à 5 lobes ovales aigus.

Les *R. acris* et *Friesanus* ont beaucoup d'affinité, et je n'ai cru devoir les séparer comme espèces que parce que j'ai acquis la certitude que les caractères qui les distinguent sont constants. Le premier est évidemment la plante vulgairement connue sous le nom de *R. acris*, car cette espèce est décrite dans presque tous les auteurs avec des rhizômes obliques et allongés. La description du *R. Steveni* Andr. donnée par Besser, En. vohl. p. 22, s'y rapporte parfaitement, et ce synonyme ne me paraît pas douteux. Cette espèce est remarquable par ses carpelles assez petits, dont le bec est toujours un peu incliné dès la base; ses feuilles presque tri-lobées, à lobes non contigus et à bords postérieurs assez écartés du pétiole.

Le *R. Friesanus* se distingue surtout de *R. acris* par ses pétales moins exactement cunéiformes et plus élargis au sommet; ses carpelles à bec très-droit; ses feuilles plus orbiculaires dans leur pourtour et à 5 lobes principaux plus profonds, plus larges, se recouvrant l'un l'autre, contractés vers la base et non cunéiformes, toujours contigus postérieurement ou très-rapprochés du pétiole; sa souche dont les rhizômes sont plus épais et plus divariqués. Les poils dont la plante est couverte sont beaucoup plus nombreux et plus étalés, surtout dans le bas, ce qui la fait reconnaître très-facilement. Ce caractère l'a fait souvent confondre avec le *R. lanuginosus* L., qui est une espèce fort distincte, caractérisée

par sa souche subverticale, sa tige très-hérissée de poils réfléchis
et à rameaux très-ouverts, ses feuilles mollement velues-soyeuses
et presque trifides, ses carpelles terminés par un bec assez
allongé complètement enroulé et non sphacélé à la maturité. Le
R. sylvaticus Thuill. Fl. Paris, p. 276, pour lequel il a été pris
souvent, n'est évidemment pas autre chose que le *R. nemorosus*
D. C., qui est commun aux environs de Paris et a les carpelles
pourvus d'un bec crochu très-persistant, tels que les décrit Thuillier. Il est probable que cet auteur, en indiquant aux environs de
Paris le *R. lanuginosus* L. qui n'y croît point, a eu en vue le
R. Friesanus.

Le *R. Borœanus* est certainement une espèce très-bien caractérisée, surtout par sa souche dont tous les bourgeons sont dressés,
rapprochés, nullement prolongés inférieurement en rhizômes
obliques comme dans les deux qui précèdent. Ses feuilles, qui
sont d'un vert plus foncé, plus découpées et à pubescence appliquée assez rare, le font reconnaître aisément; mais ce caractère
est moins tranché et souvent plus insidieux que celui de la souche,
qui ne peut jamais laisser aucune hésitation. Les différences tirées
des carpelles sont légères, mais paraissent constantes; la bordure
du carpelle est plus large que dans l'*acris* et son bec est plus étroit,
moins courbé, enroulé davantage vers la pointe qui est très-rap-
prochée du bord du carpelle, plus promptement écourté à la maturité. Les pétales sont un peu plus grands et d'un jaune un peu
moins vif; leur écaille est plus étroite. Les étamines sont plus
courtes, à filets plus fins, à anthères un peu plus petites et plus
pâles.

La synonymie du *R. Borœanus* n'est point facile à établir, et
on ne peut lui rapporter tous les *R. acris* à feuilles très-découpées dont il est parlé dans les auteurs, car il est certain que le
véritable *acris* se modifie quelquefois sous ce rapport, et que,
dans les lieux marécageux surtout, on le trouve quelquefois avec
des feuilles découpées en lobes fort étroits. Le *R. Friesanus*, lors-

qu'il est peu velu, lui ressemble encore davantage. Il est probable
que le *R. napellifolius* Crantz doit lui être rapporté en partie;
mais je n'ai pas à cet égard une certitude bien complète.

Le *R. polyanthemos* L. ressemble beaucoup au *R. Borœanus*
par ses feuilles à découpures nombreuses et très-étroites; mais il
s'en éloigne par sa tige et ses pétioles hérissés de poils étalés, ses
pédoncules sillonnés, ses carpelles plus rétrécis à la base à bordure plus forte et à bec plus large un peu incliné, son réceptacle
hispide. Sa souche est également courte, mais moins épaisse;
elle émet des bourgeons moins nombreux et moins rapprochés.
A mon avis, le *R. polyanthemos* L. est une plante distincte du
R. nemorosus D. C., d'après les beaux exemplaires que j'ai reçus
d'Upsal, de M. Anderson. Indépendamment des feuilles qui sont
découpées en lobes bien plus étroits et plus profonds que dans le
nemorosus, le bec des carpelles est notablement plus court, plus
large, légèrement incliné dès la base, nullement acuminé et enroulé au sommet, mais terminé par une pointe très-courte un
peu courbée et promptement sphacélée comme dans le *R. Friesanus.* Dans ce dernier le carpelle est plus arrondi, plus étroitement bordé, et son bec est très-droit.

Le *R. velutinus* Ten. Fl. neap. pr. app. 5, p. 17, est assez
voisin des précédents. Il se rapproche surtout du *R. lanuginosus*
et du *R. Friesanus* par ses tiges très-mollement hérissées de poils
ainsi que les pétioles, et par ses feuilles très-velues-soyeuses; mais
il est très-distinct du premier par ses carpelles très-aplanis sur les
faces et munis d'un bec ovale aigu très-droit et très-court. Il diffère du second par sa souche subverticale; ses feuilles à trois divisions principales moins profondes, plus brièvement incisées-dentées et à dents plus aiguës; ses pédoncules filiformes; ses fleurs
de moitié plus petites; ses sépales presque réfléchis; ses carpelles
plus minces, un peu moins fortement bordés et moins nombreux.
Je l'ai récolté aux environs de Cannes et d'Antibes (Var), où il
croît dans les lieux un peu frais et ombragés. Il vient en Corse,

à Ajaccio, d'où je l'ai reçu de M. le vicomte A. de Forestier.
Le *R. palustris* Smith, in Rees Cycl. n° 52. — *Corsicus* D. C.
Fl. fr. 5, p. 637, est très-semblable aux *R. acris* et *Friesanus*
par son port et l'aspect de son feuillage, mais très-distinct par sa
souche verticale garnie de fibres très-épaisses, par ses pédoncules
sillonnés et son réceptacle velu. Ses fleurs sont assez grandes; ses
sépales sont lâchement hispides et ovales-oblongs ; ses pétales
sont arrondis-obovés et munis d'une écaille dont la largeur trans-
versale est double de sa hauteur. Ses étamines ont les filets un
peu épaissis au sommet et les anthères oblongues, un peu courbées, brièvement apiculées. Ses carpelles sont presque orbiculaires, larges de 3 mill., assez fortement bordés, munis d'un bec
très-court et très-droit comme dans le *R. velutinus*, chez lequel
les carpelles sont plus petits plus faiblement bordés et dont le
réceptacle est glabre et non velu. J'ai recueilli cette espèce à Bonifacio (Corse), où elle est très-abondante dans les marécages de
Santa-Manza, et je l'ai reproduite des graines de mes échantillons.
Ceux que j'ai reçus de Grèce ont les fleurs plus petites, mais
sont du reste très-semblables.

GENRE DELPHINIUM.

Le *D. fissum* Waldst. et Kit., qui se trouve dans plusieurs localités françaises, n'a point encore été signalé dans nos Flores.
Koch, dans le Syn. fl. germ. p. 23, le rapporte au *D. hybridum*
Willd.—Marsch. Bieb. Ce rapprochement me parait devoir laisser
quelques doutes, car la plante des régions caucasiques, qui se
présente sous diverses formes assez remarquables, a toujours les
capsules velues, tandis qu'elles sont glabres dans la plante de
France et de Hongrie. Il dit aussi des graines qu'elles sont rugueuses et triquètres, pour les distinguer de celles du *D. elatum* L. qui seraient couvertes de lamelles imbriquées; ce qui est
une erreur manifeste, puisqu'elles sont, au contraire, simplement
plissées rugueuses dans le *D. elatum* et lamelleuses dans le
D. fissum. Voici la description de cette dernière espèce.

DELPHINIUM FISSUM WALDST. ET KIT.

Waldstein et Kitaibel, Pl. rar. hung. p. 83, t. 81.

Fleurs d'un bleu violacé, disposées en grappe terminale simple,
étroite, allongée et souvent assez fournie. Pédoncules plus courts
que les fleurs, dressés-étalés, inclinés et épaissis au sommet, munis de trois bractées linéaires, dont une située à leur base dépassant leur longueur et deux plus courtes situées vers leur milieu.
Sépales elliptiques-oblongs, striés, glabres, un peu concaves et
courbés en dedans à leur extrémité; le supérieur un peu plus
large et prolongé en un éperon tubuleux, presque égal, légèrement
dilaté à sa base et un peu atténué vers son extrémité, presque
droit ou un peu incliné au sommet, légèrement caréné en dessus,
n'égalant pas deux fois la longueur du limbe. Pétales de niveau
avec les sépales ou un peu plus courts; deux supérieurs ovales-

oblongs, dressés, glabres, courtement bifides à lobes obtus étroits et un peu inégaux, prolongés inférieurement en un onglet tubuleux depuis son milieu jusqu'à son extrémité ; deux inférieurs à limbe déjeté presque horizontalement et recouvrant les organes génitaux, hérissé sur les deux faces de poils blanchâtres, divisé au sommet en deux lobes obtus inégaux et subdenticulés, prolongé en un onglet court et un peu contourné à la base. Etamines plus courtes que les pétales ; filets blanchâtres, étalés-recourbés, un peu dilatés et aplanis dans leur partie inférieure, filiformes et bleuâtres au sommet, rarement subhispidules ; anthères ovales-elliptiques, d'un vert jaunâtre, souvent un peu hispides, dépassant les styles. Ovaires lisses, oblongs, atténués au sommet et terminés par un style qui n'égale pas leur longueur. Capsules oblongues, subtoruleuses, obtuses, acuminées par le style qui persiste. Graines de couleur ferrugineuse, ovales, anguleuses, inégales, à surface recouverte de lamelles imbriquées membraneuses. Feuilles d'un vert peu foncé, finement pubescentes, à pétiole allongé dilaté et engaînant à la base, à limbe réniforme dans son pourtour ; les primordiales profondément tri-quinquelobées à lobes oblongs, un peu aigus et entiers ; les suivantes presque à 7 lobes cunéiformes, trifides, subdivisés et incisés-dentés à dents lancéolées très-aiguës ; les lobes latéraux à bords postérieurs très-écartés du pétiole et presque horizontaux ; feuilles supérieures très-découpées-multifides, à divisions linéaires très-étroites. Tige solitaire dressée, un peu flexueuse, très-simple, arrondie et presque glabre inférieurement, striée et mollement hispide dans sa partie supérieure, munie de feuilles souvent plus courtes que les entrenœuds. Souche dure, courte, très-compacte. Racine formée de tubercules peu nombreux, allongés, napiformes, atténués à leur extrémité et prolongés en fibre capillaire. Plante de 6-10 déc.

Il croît dans les broussailles, parmi les rochers calcaires, à l'exposition de l'est, et fleurit en juillet. Je l'ai récolté sur le Mont-Bouquet, près Uzès (Gard), en juillet 1841. Il vient aussi dans les Hautes-Alpes, et je l'ai recueilli à Charance, près Gap, en septembre 1845, sur l'indication de M. Blanc de Gap. Les grappes sont longues de 10-15 cent. sur 2-3 cent. de large. Les fleurs sont un peu violettes et deviennent d'un beau bleu par la dessication. Les sépales sont peu étalés, non entièrement glabres mais parsemés en dehors de très-petits poils courbés et appliqués, très-finement serrulés sur les bords, étant vus à la loupe; ils sont marqués de 5-7 nervures, et leur extrémité supérieure est presque capuchonnée et un peu verdâtre, ainsi que leur base qui est arrondie et assez épaissie; leur longueur est de 10 mill. sur 4-5 mill. de large environ; l'éperon du sépale supérieur est un peu obtus à son extrémité, assez plissé et rugueux vers sa base, à 5-6 nervures dont 3 légères en dessous et 2-3 en dessus, de la couleur des sépales ou un peu verdâtre sur les côtés, long de 15 mill. environ. Les pétales sont de couleur plus violette que les sépales, à onglet blanchâtre. Les étamines sont au nombre de 35 à 40; leurs filets sont un peu contournés et bleuâtres au-dessus du milieu. Les styles sont blanchâtres et presque droits. Le réceptacle est convexe. Les cotylédons sont elliptiques, presque aigus au sommet, longs de 8-9 mill. sur 4 mill. de large, à pétiole dépassant le limbe. La racine de la plante naissante est formée d'un tubercule unique, napiforme, un peu rétréci vers le collet, très-allongé et très-atténué à l'extrémité, épais dans sa plus grande largeur de 4-5 mill.

Le *D. elatum* L., qui se distingue du *D. fissum* W. et Kit. par ses feuilles à pétioles non dilatées en gaîne à la base et beaucoup d'autres caractères tranchés, se présente sous diverses formes très-remarquables dont plusieurs ont été décrites comme des espèces distinctes et devront être l'objet d'un examen ultérieur.

GENRE IBERIS.

Le genre *Iberis* n'a été longtemps représenté dans nos flores que par un petit nombre d'espèces bien tranchées, qui ne semblaient offrir aucun intérêt sous le rapport de la critique; mais, depuis que M. Godron, dans sa flore de Lorraine, a fait connaître deux nouvelles espèces de ce genre, l'*I. Violeti* Soy-Will. inéd. et l'*I. Prostii* Soy-Will. inéd., en indiquant avec précision les caractères qui les distinguent des espèces les plus voisines, l'attention des botanistes s'est portée naturellement sur ces plantes, et tous ceux qui ont parcouru les provinces méridionnales de la France ont pu facilement reconnaître qu'il existait encore plusieurs autres formes très-rapprochées, soit de l'*I. linifolia* L., soit de l'*I. intermedia* Guers., qui offraient des caractères tout-à-fait équivalents à ceux des *I. Violeti* et *Prostii*, et pouvaient en conséquence être considérées au même titre comme des espèces véritables. Ces diverses formes que je me propose de faire connaître dans cette note présentent, il faut l'avouer, une similitude si grande sous le rapport du facies, et les caractères qui les séparent sont quelquefois si insidieux ou exigent pour être bien saisis une attention si grande, qu'on est conduit naturellement à se demander si elles ne seraient pas des modifications locales d'une espèce unique plutôt que des espèces différentes. Je crois que pour résoudre une semblable question il convient surtout d'en appeler à l'expérience et de ne pas s'appuyer sur de simples conjectures. Des preuves directes, des faits positifs, seront toujours, à mon avis, la meilleurs base que nous puissions donner à nos jugements, surtout dans les questions d'espèces, qui, selon moi, sont uniquement des questions de fait à vérifier ou à constater et dont il ne peut y avoir qu'une seule solution vraie, celle que donne l'expérience; car il n'y a pas deux vérités d'une même chose. Cette solution peut dépendre jusqu'à un certain point de la méthode suivie dans l'étude des faits; mais il est évident qu'elle ne peut jamais être subordonnée d'une manière absolue à un certain point de vue, à un certain système de classification, quelque soit l'avantage qu'il présente en apparence.

Ainsi, lors-même qu'il serait possible, en étudiant comparativement les formes les plus rapprochées du genre *Iberis*, de leur trouver quelques caractères communs qui permettraient de les grouper autour d'une seule forme prise pour type, on aurait certainement tort de conclure de là qu'elles appartiennent réellement à ce type et qu'elles en sont dérivées originairement; car, on sait que les espèces les plus tranchées offrent souvent quelques caractères communs; ce qui prouve qu'une diversité réelle peut très-bien s'allier avec une certaine unité. Il resterait toujours à rechercher quel peut être le principe de la diversité de ces formes, qui existe nécessairement quelque part, hors d'elles ou en elles-mêmes, car il ne peut y avoir d'effets sans causes. Si ce principe ne réside pas dans leur nature qu'on suppose identique, il ne pourra venir que que des circonstances extérieures, et il faudra que les circonstances actuellement existantes nous rendent compte de la diversité qui nous frappe, de telle sorte qu'il y ait toujours entre les causes supposées le même rapport qu'entre les effets constatés.

Mais, si les circonstances actuelles sont évidemment insuffisantes pour expliquer cette diversité, il sera certainement plus raisonnable d'admettre qu'elle provient de la nature même des formes qui est diverse, que de supposer qu'elle est le produit de circonstances qui auraient existé dans le passé, mais qui n'existent plus aujourd'hui et de l'action desquelles il nous est impossible de nous faire aucune idée, puisqu'il est certain que les formes qui causent le plus d'embarras par leur similitude sont précisément celles qui ont un même *habitat* et croissent en société dans les mêmes lieux. Dans ce dernier cas, on prendrait pour

point de départ dans l'appréciation des faits une pure hypothèse.
Une pareille méthode n'a rien de scientifique, et c'est elle pourtant que plusieurs botanistes ont encore une forte tendance à
suivre ; ce qui explique pourquoi il règne tant d'obscurité sur une
foule de questions d'espèces qui devraient être résolues depuis
longtemps, et comment il se fait que des expériences très faciles,
qui pourraient être décisives, n'ont pas même été tentées.

Les espèces existent indépendamment de notre manière de voir
et dans des limites qu'il ne nous appartient pas de fixer ; nous
n'avons donc pas autre chose à faire, en les étudiant, qu'à constater qu'elles sont et ce qu'elles sont, suivant notre faculté
d'observer. La constance des caractères, ainsi que je l'ai admis
dans un précédent article, étant le signe unique auquel nous pou-
vons reconnaître l'espèce, il résulte de là nécessairement que
toutes les formes constantes sont autant d'espèces distinctes, sans
quoi il y aurait pour nous impossibilité absolue de distinguer ce
qui est une espèce de ce qui n'en est pas une, c'est-à-dire, il n'y
aurait plus d'espèce. Ainsi il suffit que la constance des caractères
soit démontrée pour que l'espèce le soit aussi. Toute la difficulté
vient de ce qu'il n'est pas toujours possible de s'assurer par l'expérience de cette constance, qui n'est souvent qu'apparente et
relative à telle ou telle circonstance, et non réelle et absolue.
Elle doit donc, dans certains cas, être présumée et appréciée par
l'analogie ; et lorsqu'on aura suivi fidèlement les lois de l'analogie, en s'appuyant sur les faits les mieux établis, on arrivera à
se faire une opinion qui sera, sinon l'expression exacte de la vérité, au moins l'opinion la plus probable, et dans tous les cas la
seule opinion acquise par les procédés légitimes de la science.

Ainsi, en ce qui concerne les espèces du genre *Iberis*, comme
les expériences que j'ai pu faire sur elles sont encore peu nombreuses, je partirai de ce fait bien établi, que les *I. umbellata* L.,
linifolia L., *intermedia* Guers., *Durandii* Lor. et Dur., sont des
formes qui se reproduisent constamment de leurs graines, et qui,

placées dans les mêmes conditions de développement, se modifient chacune suivant des lois spéciales, sans que jamais l'une devienne l'autre; j'admettrai qu'il doit en être de même des *I. Prostii* et *Violeti* qui sont moins anciennement connus, et que toutes ces plantes sont, en raison de leur constance, autant d'espèces distinctes. Cela posé, et la mesure des différences qui peuvent séparer de véritables espèces dans le genre *Iberis* m'étant donnée par le moyen de l'examen comparatif des espèces que j'ai désignées, je procéderai à l'étude des autres formes qui n'ont pas encore attiré l'attention. Lorsque, après avoir passé en revue tous les organes, j'aurai trouvé des différences au moins équivalentes, soit dans leur détail, soit dans leur ensemble, à celles que présentent les espèces déjà reconnues, je serai forcé de conclure par la seule analogie que ces différences sont constantes, et elles me serviront à établir de nouvelles espèces dont la solidité, si la comparaison a été bien faite, sera aussi incontestable que celle des autres sur lesquelles l'expérience a déjà prononcé.

Plusieurs botanistes qui reconnaissent comme des espèces distinctes les *I. linifolia* L. et *intermedia* Guers. ne mettent pas au même rang l'*I. Durandii* Lor. et Dur., et jugent qu'il doit être rapporté à l'*I. intermedia*, parce que son aspect leur paraît moins tranché. Mais ils pourront se convaincre par une étude plus attentive de ces plantes, que les différences qui les séparent portent sur les mêmes organes et ont la même importance pour la question d'espèce, qui est d'ailleurs tranchée par la culture. M. Bernhardi, dans un article de l'Allgemeine Thüring. Gartenzeit. 20 janv. 1844, compare les *I. intermedia* Guers., *Durandii* Lor. et Dur, *divaricata* Tausch, et il observe que l'*I. divaricata* de Boppard se rapproche beaucoup de l'*I. intermedia*, tandis que l'*I. divaricata* de l'Istrie ressemble davantage à l'*I. Durandii*. Il est d'avis que ces diverses plantes doivent toutes être considérées comme appartenant à la même espèce, parce qu'elles ont un facies très-semblable et que les différences qui les séparent sont légères.

Cette opinion a été suivie par Koch, qui, dans le Syn. fl. germ.
éd. 2, p. 75, réunit en synonyme à l'*I. intermedia* Guers. l'*I. divaricata* de l'Istrie ainsi que celle de Boppard. Il me semble qu'un
pareil jugement est fondé surtout sur l'idée que les espèces ne
doivent être admises que lorsqu'elles offrent des caractères bien
tranchés et qu'elles sont très-faciles à distinguer ; de sorte qu'elles
auraient pour limites celles mêmes de notre faculté d'observer
qui varie selon les individus, selon le degré d'attention qu'on
apporte ou la méthode qu'on suit dans l'examen. L'appréciation
des espèces n'aurait ainsi aucune base fixe et la science serait
fondée sur le tâtonnement.

Si, dans une série d'espèces formant un groupe très-naturel,
on compare la première de la série avec la dernière, on trouvera
sans doute qu'elles se distinguent très-facilement, tandis que, si
l'on compare la première avec la seconde, on sera souvent plus
frappé de la ressemblance que de la différence qui existe entre
elles. On ne devra pas cependant, par cette seule raison, les réunir ; car, si l'on adoptait ce parti, il faudrait réunir celle qui suit
immédiatement à la seconde et ainsi de suite jusqu'à la dernière, et cette réunion de toutes les espèces du groupe en une
seule qui paraîtrait très-choquante ne serait pourtant que logique. Cette méthode est donc jugée par la fausseté évidente
de la conclusion qu'elle amène. Mais, d'ordinaire, on prend un
terme moyen et l'on se sauve du tâtonnement par l'arbitraire. On
convient d'avance qu'un certain caractère doit servir à distinguer
plusieurs formes très-rapprochées ; toutes celles qui seront pourvues de ce caractère seront réunies ou regardées comme des variétés d'un même type. Les autres, qui en sont privées, seront
exclues et formeront d'autres types. Il n'y aura plus dès-lors à
s'occuper des divers caractères dont l'importance est censée moin-
dre, et il ne sera plus nécessaire de recourir à l'expérience, puisque l'on part de l'hypothèse de l'instabilité des formes comme
d'un fait démontré, et que l'on s'y tient parce que le besoin de la

théorie l'exige. Si, toutefois, il est reconnu que certaines formes sont constantes, on admettra qu'elles ont dû avoir varié autrefois et que depuis elles ont sans doute acquis la constance. On le voit, ce procédé est commode, et l'on peut dire qu'il est la clef du système Linnéen, en ce qui regarde la distinction des espèces. Avec lui, tout devient clair et s'enchaîne dans l'exposition des faits; la difficulté a disparu. La science est rendue facile au moyen d'une hypothèse mise ainsi à la place des faits; mais, est-ce encore de la science?

Comme la différence qui sépare l'espèce du genre est radicale, puisque l'espèce correspond à un type immuable, à une idée distincte réalisée sous une forme qui lui est spéciale, tandis que le genre exprime simplement le point de vue d'après lequel nous saisissons les rapports des espèces, il s'ensuit que la méthode qui tend à assimiler l'espèce au genre et à le constituer de la même manière, en établissant des subdivisions d'espèces comme l'on a des subdivisions de genres, est essentiellement fausse. Les types construits de la sorte et comprenant plusieurs types secondaires ou variétés sont factices. Ils ne correspondent à aucune réalité formelle et l'on peut dire d'eux avec vérité qu'ils ne sont autre chose qu'un assemblage de formes imparfaitement connues, groupées suivant un point de vue de l'esprit qui s'en tient aux traits généraux de ressemblance et ne s'arrête pas à découvrir les différences qui peuvent exister entre elles. Ce sont des espèces faites à l'image du genre, des sous-genres, si l'on veut, mais nullement de véritables espèces.

L'espèce n'est point simplement une abstraction ou une généralisation, comme on l'a dit souvent, mais un fait, mais quelque chose de substantiellement existant quoique immatériel. Elle doit donc être étudiée comme un fait, comme une réalité dans les individus qui la représentent et ne sont que sa manifestation multiple. A mon avis, il faut considérer chaque forme isolément et dans son état le plus normal, afin d'arriver à se rendre compte des modifications qu'elle peut éprouver chez divers individus, par suite des circonstances, et de bien saisir la loi qui les régit. La stabilité devra toujours être présumée d'après la seule analogie ou des apparences suffisantes tirées des faits qui ont été observés ; car elle est l'attribut de l'espèce, et cet attribut n'appartient qu'à elle. Ainsi, si une forme se montre constante sous nos yeux, on est très-fondé à soutenir qu'elle l'a toujours été et qu'elle le sera toujours ; il n'est pas même indispensable d'appuyer cette opinion sur une série d'expériences. C'est le contraire qui demande à être prouvé. C'est aux partisans de l'instabilité des formes à établir par des preuves directes que celles qui se montrent constantes aujourd'hui ne l'ont pas toujours été, ou bien que des modifications constatées d'un certain type sont devenues stables. Leur tâche est non seulement de faire voir comment on doit s'y prendre pour distinguer les variétés constantes des espèces légères, mais encore d'établir rigoureusement par des faits irrécusables qu'il existe des variétés réellement constantes et limitées qui ne sont pas de vraies espèces, étant elles-mêmes issues originairement d'autres espèces. A cet égard, des hypothèses, des opinions reçues sans examen ne peuvent suffire ; il faut des expériences faites avec toute la rigueur des procédés scientifiques. Cependant aucune expérience de ce genre n'a été tentée, ou, si elle l'a été, n'a donné les résultats qu'on en attendait, car, pour démontrer que les espèces se transforment par l'effet de la culture, que de nouvelles variétés sont produites qui se conservent ensuite et se propagent de graines, on n'a jamais cité que des faits douteux obscurs ou mal observés, qui sont par conséquent de nulle valeur. La question reste donc entière. Il est vrai qu'on croit généralement qu'il se crée dans les jardins ou dans les pépinières des variétés de fruits nouvelles, et l'on admet comme une chose hors de doute que toutes nos variétés actuelles de fruits et de légumes ont été créées successivement par les soins de la culture ; mais l'on n'apporte à l'appui de cette opinion aucune preuve, ce qui est peut-être aux yeux du vulgaire une raison de plus pour y tenir fortement. Comme l'origine de certaines formes cultivées n'est pas connue, on admet qu'elles ont pu être produites par la culture dans la suite des temps ; c'est là une hypothèse qui peut être, jusqu'à un certain point, légitime et fondée en vraisemblance sinon en raison, mais ce n'est pas un fait ; et jamais une hypothèse, quelle que soit sa valeur, ne pourra tenir lieu de faits ni de preuves directes pour établir une vérité quelconque. Lorsqu'elle est condamnée par les principes qui doivent servir de fondement à la connaissance et que l'analogie la repousse, c'est alors surtout qu'elle doit chercher sa confirmation dans l'expérience et s'appuyer sur des faits aussi nombreux qu'incontestables.

En basant la distinction des espèces uniquement sur la constance des caractères, on arrive ainsi à supprimer complètement les variétés, dans le sens attaché à ce mot. On n'a plus dès-lors que des espèces et des modifications d'espèces, mais point de variétés. Cependant il se présente dans l'appréciation des formes des cas embarrassants où l'on ne peut arriver à la certitude. Souvent, faute de données suffisantes, on ne sait pas si l'on doit considérer une forme comme une espèce distincte ou comme une modification d'une autre très-voisine. Alors on peut, en suivant l'opinion qui paraît la plus probable, ou exposer cette forme à part comme une espèce douteuse, ou la rapporter comme variété à celle dont elle est la plus voisine. Dans ce cas, la variété exprime le doute ; elle indique un point à éclaircir, et elle a un caractère tout-à-fait provisoire. Mais, considérer d'une manière définitive comme des variétés, sous prétexte qu'elles ne sont pas assez tranchées, des formes reconnues constantes et limitées, c'est là un véritable contre-sens, ou c'est une négation pure et simple de l'espèce qui devient alors quelque chose de conventionnel et de subordonné au point de vue auquel on se place. On a jugé souvent qu'il était utile d'indiquer sous des dénominations particulières les diverses modifications d'une même espèce. Je crois que dans le plus grand nombre des cas cette utilité peut être justement contestée, surtout lorsque les intermédiaires qui unissent ces modifications sont très-nombreux et très-évidents, parce qu'il faudrait alors créer presque autant de noms ou de distinctions qu'on peut rencontrer d'individus.

J'arrive à l'examen de diverses espèces du genre *Iberis* auxquelles s'appliquent très-bien les considérations qui précèdent, puisqu'elles sont de celles que plusieurs botanistes ne veulent admettre que comme des modifications dues aux circonstances locales, faute d'avoir étudié avec soin leurs caractères, et que d'autres reconnaissent comme des variétés c'est-à-dire des formes constantes qui ne sont pas des espèces, faute de s'être fait une idée claire de ce que c'est que l'espèce. Je vais passer en revue toutes nos espèces françaises d'*Iberis* et quelques autres, en donnant la description de la plupart d'entre elles. Ces espèces appartiennent toutes à la section *Iberidium* D. C.; mais elles peuvent se diviser en espèces vivaces et espèces annuelles ou bisannuelles. Chez les bisannuelles, les grappes fructifères sont tantôt en corymbe et très-serrées à la maturité, tantôt plus lâches et un peu allongées. On voit les intermédiaires les mieux nuancés entre ces deux états. Je commencerai par les espèces à grappe fructifère corymbiforme.

IBERIS SPATHULATA Berg.

Berg. Phyt. ic. D. C. Fl. fr. 4, p. 716 *I. carnosa* Willd. Sp. 3, p. 455.

Fleurs disposées en grappe ombelliforme assez serrée et ne s'allongeant pas à la maturité. Silicules ovales-orbiculaires, arrondies et élargies inférieurement, un peu rétrécies au-dessus du milieu, aplanies en dessus, faiblement convexes en dessous ; valves bordées extérieurement d'une aile étroite, qui n'égale pas leur largeur au sommet et est rétrécie insensiblement mais visible jusqu'à la base ; lobes de l'échancrure très-courts, ovales, un peu aigus, assez rapprochés, formant à la fin un angle peu ouvert,

égalant le septième de la longueur totale de la silicule, longuement dépassés par le style dont le stigmate est faiblement
déprimé en dessus. Feuilles d'un vert pâle ou souvent de couleur
violacée, surtout en dessous, assez charnues, entières ou rarement un peu dentées, subciliées ; les radicales et caulinaires inférieures ovales-arrondies, distinctement pétiolées ; les supérieures
obovales ou oblongues, spatulées. Tige grêle, ascendante, simple
ou divisée un peu au dessus de la base ; ramifications étalées
flexueuses, ordinairement simples, hispidules, feuillées jusqu'au
sommet. Racine filiforme, annuelle ou plutôt bisannuelle. Plante
de 3 à 6 cent.

Il croît sur les sommets des Pyrénées et vient parmi les rocailles
de la région alpine, surtout dans les montagnes schisteuses, car
je ne l'ai pas rencontré sur le sol calcaire. Il fleurit en juillet.
Les fleurs sont de grandeur moyenne et d'un lilas purpurin. Les
pédicelles sont courts, assez étalés, surtout les extérieurs. Les
sépales sont elliptiques ou obovales, un peu inégaux à la base,
très-concaves, scarieux et colorés sur les bords, souvent persistants
jusqu'à la maturité du fruit. Les pétales sont obovales-cunéiformes,
rétrécis en onglet vers la base ; les extérieurs sont beaucoup plus
grands que les autres, comme dans toutes les espèces. Le style
est long de 2 mill., et le stigmate est fort petit, à échancrure peu
visible. La silicule est remarquable par l'épaisseur de la cloison
placentérienne ; sa longueur totale est d'environ 6 à 7 mill. et sa
largeur au moins égale ; l'angle formé par les lobes de l'échancrure est de 50-70°. Les graines sont ovales-elliptiques , d'un
brun roussâtre, longues de 5 mill. sur 2 mill. de large. Les feuilles
sont peu serrées, plus ou moins étalées, assez planes , munies
de cils épars surtout vers leur base et sur les pétioles. La tige
est garnie de feuilles jusqu'au sommet.

Iberis Candolleana (N.).

I. nana D. C. Fl. fr. 4, p. 717, non All.

Fleurs disposées en grappe ombelliforme très-serrée et très-courte, même à la maturité. Silicules ovales-elliptiques, de forme assez égale, un peu convexes sur les deux faces, surtout en dessous ; ailes des valves égales à leur largeur au sommet, rétrécies en dessous et à peu près nulles à partir du milieu jusqu'à la base ; lobes de l'échancrure ovales, brièvement acuminés, non divergents au sommet, formant un angle assez ouvert, égalant à peine le quart de la longueur totale de la silicule, très-faiblement dépassés par le style dont le stigmate est peu échancré. Feuilles d'un vert pâle, très-charnues, entières, glabres ; les radicales disposées en rosettes très-denses, obovales-oblongues, atténuées en pétiole à la base ; les caulinaires spatulées, oblongues ou linéaires, plus étroites vers le haut, toutes obtuses à leur sommet. Tige quelquefois simple, le plus souvent très-ramifiée un peu au-dessus de la base ; rameaux ascendants, un peu flexueux, redressés, atteignant presque tous la même hauteur, très-simples et feuillés jusqu'au sommet, presque entièrement glabres. Racine filiforme, bisannuelle. Plante de 5 à 10 cent., ou de 2 à 5 cent. dans les rocailles très-arides.

Il paraît appartenir aux montagnes calcaires du Dauphiné et de la Provence les plus éloignées du centre de la chaîne alpine. Je l'ai récolté sur le sommet du Mont-Ventoux (Vaucluse), et j'en ai reçu de M. Revellat une nombreuse collection de magnifiques exemplaires récoltés par lui sur le Glandaz, près de Die (Drôme). Il croît parmi les rocailles et les éboulis des roches. Il fleurit en juillet. Les fleurs sont d'un lilas purpurin, très-nombreuses et assez grandes. Les pédicelles sont courts, épais, dressés-étalés. Les sépales sont arrondis, très-larges, ordinairement blanchâtres sur les bords et assez persistants. Les pétales sont obovales, atténués insensiblement en onglet vers la base. Le style est long de 2 mill. La longueur totale de la silicule est d'environ 5 à 6 mill. et sa largeur de 4 mill.; la cloison placentérienne est assez étroite; l'angle formé par les lobes de l'échancrure est de 80-90°. Les graines sont ovales-oblongues, d'un brun roussâtre assez clair, longues de 5 mill. sur 1 2/3 mill. de large. Les feuilles sont très-nombreuses, dressées pour la plupart et étalées en dehors dès leur milieu, un peu creusées en gouttière et presque toujours très-glabres ainsi que les tiges.

Iberis aurosica Chaix.

Chaix in Vill. Fl. Dauph. 1, p. 349.

Fleurs disposées en grappe ombelliforme très-serrée, ne s'allongeant pas à la maturité. Silicules ovales-elliptiques, faiblement convexes sur les deux faces; ailes des valves dépassant leur largeur au sommet, rétrécies en dessous et nulles à partir du milieu jusqu'à la base; lobes de l'échancrure ovales, acuminés, divergents au sommet, formant un angle très-ouvert, égalant le quart de la longueur totale de la silicule, longuement dépassés par le style dont le stigmate est visiblement échancré. Feuilles d'un vert assez clair, peu épaisses, assez planes en dessus, à nervure dorsale un peu saillante en dessous, glabres, les radicales lancéolées, longuement atténuées à la base et un peu au sommet, munies de chaque côté de deux dents assez saillantes; les caulinaires inférieures oblongues, obtuses, rarement un peu dentées; les supérieures oblongues-linéaires, aiguës, très-entières. Tige très-ramifiée dès la base ou souvent à partir du milieu seulement; rameaux étalés, divergents, entrecroisés, assez inégaux, presque tous bifides, dépourvus de feuilles au sommet, presque glabres. Racine filiforme, bisannuelle. Plante de 10 à 15 cent., ou seulement de 4 à 8 cent. dans les rocailles très-arides.

Je l'ai récolté en quantité sur le mont Aurouse près Gap

(Hautes-Alpes), où il est indiqué par Chaix ; il vient sur les déclivités pierreuses, aux mêmes lieux que le *Carduus aurosicus* Chaix, et parmi les menus débris des roches calcaires, en société avec le *Papaver pyrenaicum* Willd. et l'*Heracleum pumilum* Vill. Il fleurit en juillet et août. Les fleurs sont d'un lilas purpurin, très-nombreuses et de grandeur médiocre. Les pédicelles sont courts, dressés-étalés. Les sépales sont obovales-elliptiques, scarieux-blanchâtres ou un peu colorés sur les bords. Les pétales sont elliptiques-oblongs, atténués en onglet vers la base. Le style est long d'environ 3 mill. La longueur totale de la silicule est d'environ 5-6 mill. et sa largeur de 4 mill. ; l'angle formé par les lobes de l'échancrure est de 120-150° ; la cloison placentérienne est assez étroite. Les graines sont ovales-elliptiques, d'un brun roussâtre, longues de 2 1/2 mill. sur 1 2/3 mill. de large. Les feuilles sont médiocrement nombreuses et éparses sur les rameaux qui sont toujours nus à leur extrémité.

Les trois plantes dont je viens de donner la description constituent certainement trois bonnes espèces très-bien caractérisées. La première, qui est l'*I. spathulata* Berg., ne peut être l'objet d'aucune discussion sous le rapport de la nomenclature ; mais ses caractères n'ayant pas été très-clairement indiqués, on a pu souvent confondre avec elle des espèces très-voisines. Elle me paraît surtout caractérisée, indépendamment de la forme des feuilles, par la silicule qui est ovale-arrondie, aussi large que longue, rétrécie au sommet, très-étroitement ailée et offrant une échancrure courte et fort étroite.

L'*I. Candolleana* a été confondue, soit avec l'*I. spathulata*, soit avec l'*I. nana* All., soit enfin avec l'*I. aurosica* Chaix ; mais elle est certainement très-distincte de ces trois espèces. Elle diffère complètement de l'*I. spathulata* par la forme de la silicule qui est ovale-elliptique, égale et non rétrécie vers le haut ; à aile plus large au sommet, plus étroite au contraire ou nulle vers la base ; à lobes de l'échancrure plus écartés et plus aigus, égalant presque

le style et non longuement dépassés par lui, à cloison placentérienne plus épaisse. Les graines sont de forme plus ovale. Les
fleurs sont plus nombreuses et plus serrées. Les feuilles sont plus
nombreuses, généralement oblongues-cunéiformes, bien moins
élargies dans leur partie supérieure ; à limbe moins nettement
contracté en pétiole, moins planes, plus épaisses, plus dressées
et non ciliées. La tige est divisée en rameaux plus nombreux,
ascendants, redressés, fastigiés et non étalés, contournés, plus ou
moins divergents comme dans le *spathulata*.

L'*I. nana* All. Auct. fl. ped. p. 15, n° 920, t. 2, f. 1, est, à
mon avis, d'après la description d'Allioni et d'après les exemplaires
provenant des Alpes de Tende que j'ai reçus de M. Delponte, une
plante plus voisine de l'*I. spathulata* que du *Candolleana*, mais
distincte de l'une et de l'autre. Ses fleurs sont plus grandes que
dans ces deux espèces, blanchâtres et non d'un lilas purpurin,
également en grappe courte et serrée. Ses silicules sont assez régulièrement orbiculaires, moins élargies inférieurement que dans
le *spathulata*, à ailes plus larges mais n'égalant pas au sommet
la largeur des valves et moins rétrécies vers la base que dans le
Candolleana ; les lobes de l'échancrure sont de la longueur du
style et forment un angle de 60 à 70°. Les feuilles sont d'un vert
pâle, un peu glauques, charnues, glabres, dressées et peu étalées,
bien plus dilatées supérieurement et plus véritablement spatulées
que dans le *spathulata*, munies pour la plupart de quelques dents
obtuses. La tige est grêle, ascendante, glabre, ordinairement simple comme dans le *spathulata*, et haute pareillement de 3 à 6 cent.

L'*I. aurosica* Chaix est aussi facile à distinguer de l'*I. Candolleana* que celui-ci l'est de l'*I. spathulata*. Il paraît néanmoins
avoir été confondu dans toutes nos flores avec l'*I. Candolleana*,
sous le nom d'*I. nana*. La description donnée par Villars, Fl.
Dauph. 2, p. 289, lui convient assez bien ; mais cet auteur ne
paraît pas avoir distingué la plante du Glandaz, qui est différente
de celle du rocher de Bure, puisqu'il cite ces deux localités pour

son *I. aurosica*. Chaix l'indique seulement au mont Aurouse, et
le décrit avec des feuilles linéaires-lancéolées un peu dentées dans
le bas, ce qui ne peut s'appliquer aucunement à l'*I. Candolleana*,
que je n'ai d'ailleurs pas observé au mont Aurouse, tandis que
l'*I. aurosica* y croît en abondance. Celui-ci a beaucoup de rapport avec l'*I. Candolleana*, quant à la forme générale de la silicule qui est pareillement ovale-elliptique; mais les ailes sont
encore plus élargies au sommet, plus promptement rétrécies,
nulles sur les côtés; les lobes de l'échancrure sont bien plus
acuminés, à pointe courbée en dehors et non en dedans,
et forment un angle beaucoup plus ouvert. Les graines sont
un peu moins allongées. Le style est plus long et très-sail-
lant; le stigmate est très-visiblement échancré. Les fleurs sont
également très-serrées et très-nombreuses, mais plus petites. Les
feuilles diffèrent complètement, étant fort peu charnues, linéaires-
lancéolées et dentées dans le bas, linéaires aiguës dans le haut
et non pas cunéiformes très-obtuses, étalées assez distantes et
non pas dressées et très-rapprochées. Les tiges sont ramifiées à
une plus grande distance de la base et leurs rameaux sont bien
plus étalés et inégaux, tous bifides et non très-simples, toujours
nus dans la partie supérieure et non feuillés jusque vers la grappe.
La racine est plus épaisse et toute la plante est plus robuste.

L'*I. carnosa* Waldst. et Kit. Pl. rar. h. 2, p. 213, t. 194, me
paraît, d'après la description et la figure citées, une plante très-
voisine de l'*I. Candolleana* ainsi que de l'*I. nana* All., mais
probablement différente de l'une et de l'autre. Elle croît sur les
sommets des montagnes de la Hongrie, parmi les débris des rochers calcaires, par conséquent dans des stations analogues à celles
de l'*I. Candolleana*; mais on lui attribue des fleurs blanchâtres
et des feuilles émarginées au sommet, ce qui ne convient pas à
cette dernière espèce. La figure citée représente des tiges qui sont
un peu dégarnies de feuilles vers leur sommet et une silicule
large, orbiculaire, assez semblable à celle de l'*I. nana* All., mais

plus étroitement ailée, à dents très-courtes, à style non saillant, surmonté d'un stigmate assez épais. L'*I. carnosa* Willd., qui est indiqué aux Pyrénées, est certainement synonyme de l'*I. spathulata* Berg.; mais la plante de Hongrie, dont je n'ai pas vu d'échantillons authentiques, reste douteuse, car elle paraît s'éloigner du *spathulata* aussi bien que des autres dont je viens de parler.

J'ai reçu de M. Sprunner sous le nom d'*I. nana* All., et de M. Boissier comme espèce indéterminée, des exemplaires recueillis sur le mont Hymette, en Attique, qui me paraissent appartenir à deux espèces distinctes fort bien caractérisées et assez rapprochées de celles qui précèdent. J'ai obtenu des graines de mes échantillons l'une de ces deux espèces et l'ai vue fleurir dans mon jardin. En voici la description :

Iberis attica (N.).

Fleurs disposées en grappe ombelliforme courte et assez serrée, un peu contractée à la maturité. Silicules régulièrement ovales-subelliptiques, peu renflées ; ailes des valves dépassant un peu leur largeur au sommet, rétrécies insensiblement vers la base, mais fort distinctes dans tout le pourtour de la silicule ; lobes de l'échancrure ovales, obtus, rapprochés, formant à la fin un angle très-peu ouvert, égalant environ les 2/7 de la longueur totale de la silicule, plus longs que le style dont le stigmate est petit et muni en dessus d'un sillon peu marqué. Feuilles dressées-étalées, d'un vert assez foncé, peu épaisses, glabriuscules ou finement ciliées ; les radicales oblongues-obtuses, un peu dentées, longuement rétrécies en pétiole à la base ; les caulinaires oblongues ou linéaires-oblongues, rarement un peu dentées, obtuses, ou un peu aiguës dans le haut de la plante. Tige couchée inférieurement, divisée au-dessus de la base en rameaux nombreux, diffus, étalés irrégulièrement, flexueux, souvent redressés, simples ou quelquefois

divisés près du sommet, garnis de feuilles un peu distantes. Racine bisannuelle, assez forte. Plante de 8 à 15 cent.

Cette espèce fleurit dans mon jardin dès les premiers jours de
mai, et probablement à la même époque sur le mont Hymette. Les
fleurs sont blanchâtres un peu lavées de lilas, assez grandes et
très-rayonnantes, offrant de larges ombelles d'un effet très-agréa-
ble. Les sépales sont un peu inégaux à leur base, elliptiques,
concaves, membraneux et colorés sur les bords et au sommet,
brièvement hispides sur le dos. Les pétales extérieurs sont obovés-
oblongs, presque elliptiques, rétrécis brusquement en un onglet
très-étroit. Les pétales intérieurs sont petits, obovales-arrondis,
égalant à peine leur onglet. Les longues étamines égalent le style;
leurs filets, serrés et rapprochés du style inférieurement, s'en
écartent au sommet. L'ovaire est ovale, et les lobes de l'échancrure sont très-appliqués contre la base du style qui égale l'ovaire
et est long de 2 mill. La silicule est longue de 7 mill. sur 6 mill.
de large; elle prend souvent sur les ailes des valves une belle
couleur violacée. Les lobes forment un angle de 20 à 30°. Les
graines sont elliptiques, d'un brun assez foncé, longues de 3 mill.
sur 2 mill. de large.

Cette espèce est évidemment très-distincte de toutes celles qui
précèdent, en raison de ses silicules largement ailées dans tout
leur pourtour, à échancrure du sommet très-étroite et à style
court. Elle se rapproche un peu par son port et la direction de
ses rameaux des *I. spathulata* Berg. et *nana* All., mais elle est
bien plus robuste; son feuillage est aussi fort différent.

La seconde espèce du mont Hymette, que je nommerai *I. Sprunneri*, se distingue de l'*I. attica* par ses silicules aplanies en dessus et bien plus renflées sur la face inférieure, également de forme
ovale-elliptique, mais à ailes bien moins larges et plus rétrécies
inférieurement, à lobes de l'échancrure plus courts, un peu aigus,
non rapprochés, formant un angle d'environ 80°, longuement dépassés par le style qui est long de 3 mill. et surmonté d'un stig-

mate profondément bilobé. Les fleurs sont d'une belle couleur
lilacée et non blanchâtres ; elles paraissent moins grandes et disposées en grappe serrée, nullement allongée à la maturité. Les
feuilles sont assez semblables de forme, quoique plus longuement
rétrécies à leur base, plus élargies au sommet et généralement
oblongues-spatulées ; mais leur consistance est plus épaisse et
leurs nervures sont moins visibles ; elles sont aussi plus dressées
et souvent un peu dentées. La tige est divisée en rameaux moins
étalés et peu flexueux, couverts pareillement d'une pubescence
très-fine. Sa taille est peu différente, et sa durée paraît être la
même d'après l'aspect de la racine.

J'arrive à la description de l'*I. umbellata* L., ou plutôt des diverses espèces que j'ai vues cultivées sous ce nom dans les jardins,
d'où elles s'échappent très-souvent. J'en ai observé deux cultivées
communément aux environs de Lyon, et une troisième que j'ai
reçue de jardins botaniques. Je conserverai le nom d'*umbellata* à
celle de ces trois espèces qui me paraît correspondre le mieux à la
description des auteurs, qui lui attribuent généralement des silicules munies d'ailes très-dilatées, à lobes du sommet égalant la
longueur des cloisons et celle du style. En voici la description.

Iberis umbellata L.

Linné, Sp. pl. p. 906 (en partie).

Fleurs disposées en grappe ombelliforme courte et serrée,
contractée à la maturité. Silicules obovales-elliptiques, assez
aplanies sur les deux faces ; ailes des valves très-dilatées et égalant
deux fois leur largeur au sommet, rétrécies inférieurement et
presque égales à partir du milieu jusqu'à la base ; lobes de
l'échancrure un peu dentés sur le bord externe, ovales-acuminés, écartés, formant un angle aigu, égalant la moitié de
la longueur totale de la silicule, non dépassés par le style
dont le stigmate est épais et déprimé. Feuilles étalées, d'un

assez beau vert, un peu épaisses, planiuscules, à nervure dorsale assez saillante, très-glabres ; les radicales et caulinaires inférieures lancéolées-linéaires, assez étroites, atténuées vers la base, un peu aiguës et calleuses au sommet, munies vers le haut de chaque côté de deux à trois dents très-courtes ; les supérieures plus étroites et le plus souvent entières. Tige dressée, simple ou divisée dès la base, très-ramifiée au sommet; rameaux nombreux, dressés, un peu étalés, peu inégaux, glabres et striés comme la tige. Racine annuelle. Plante de 3 à 4 déc.

Sa patrie m'est inconnue. Il fleurit dans les jardins en juillet et août. Les fleurs sont d'une belle couleur purpurine ou lilacée et assez grandes. Les pédicelles sont très-hispides, dressés, peu étalés. Les sépales sont un peu inégaux à la base, dressés, point lâches, peu concaves, obovales, membraneux et colorés sur les bords et au sommet, assez caducs, longs de 2 1/2 mill. sur 2 mill. de large. Les pétales extérieurs sont larges, obovales, longs de 6 mill. sur une largeur égale, rétrécis assez brusquement en un onglet filiforme verdâtre à la base et long de 5 mill. Les pétales intérieurs sont plus petits de moitié et plus arrondis. Les étamines égalent le style; leurs filets sont légèrement dilatés inférieurement; leurs anthères sont d'un jaune verdâtre, oblongues, longues de 1 mill. sur 1/2 mill. de large, à échancrure de la base assez profonde. L'ovaire est arrondi-elliptique. Le style est souvent purpurin, long de 3-4 mill. et surmonté d'un stigmate assez épais, un peu déprimé au centre, large de 3/4 mill. et presque d'égale hauteur. La longueur totale de la silicule est de 9 mill. et sa plus grande largeur de 7 mill.; elle est de forme légèrement obovale, étant un peu plus large à son sommet qu'à sa base qui est très-arrondie et souvent un peu cordée vers le pédicelle; l'angle formé par les lobes est de 70°. Les graines sont d'un brun roux, ovales-elliptiques, longues de 3 1/4 mill. sur 2 1/4 mill. de large. Les feuilles sont assez nombreuses, irrégulièrement dressées-étalées ou déjetées.

La seconde espèce, que je nommerai *J. hortensis*, est encore
plus répandue dans les jardins que celle que je viens de décrire.
Elle est plus belle, et je l'aurais considérée comme étant le véritable *umbellata*, si les caractères de la précédente ne m'avaient
paru s'accorder beaucoup mieux avec les descriptions des auteurs
les plus suivis. Les fleurs de celle-ci sont plus grandes et d'une
couleur purpurine généralement plus foncée, rarement blanches ;
elles forment des corymbes plus larges, et les pédicelles sont plus
allongés et ramassés également en faisceau court et serré à la
maturité. Les silicules sont grandes, elliptiques, très peu élargies supérieurement ; à valves notablement plus grandes ; à ailes des valves
relativement plus petites, rétrécies bien davantage inférieurement
et presque nulles vers la base ; à lobes de l'échancrure ovales,
très-longuement et finement acuminés au sommet, non dentés
sur le bord externe, très-rapprochés et soudés avec le style par
leur bord interne dans leur quart inférieur, divergents en dessus,
séparés par un sinus arrondi très-ouvert, égalant avec leur
pointe la moitié de la longueur de la silicule, dépassés par le style
qui est long de 5 mill. et surmonté d'un stigmate très-épais
fortement déprimé au centre. Les feuilles sont notablement plus
larges, plus acuminées, plus minces, souvent un peu dentées
surtout dans le bas, à dents plus saillantes. La tige est dressée,
souvent simple à la base, émettant vers le haut des rameaux très-
inégaux, flexueux, dressés ou étalés irrégulièrement, rarement
très-simples. La racine paraît annuelle. Sa taille est plus basse
que celle de la précédente espèce. Elle fleurit en juillet et août.

La troisième espèce, que je désignerais sous le nom de *I. amœna*,
se distingue des deux autres par ses silicules généralement plus
petites, de forme elliptique, un peu rétrécies au sommet et à la
base ; à ailes des valves égalant leur largeur au sommet, très-rétrécies et presque nulles vers la base ; à lobes de l'échancrure
ovales-acuminés, égalant à peine la moitié de la longueur totale
de la silicule, soudés avec la base du style dans leur quart

inférieur, non divergents vers leur sommet et séparés par un sinus large arrondi semi-lunaire. Le style est long de 3 à 4 mill. et assez saillant. Le stigmate est de moitié plus petit que dans l'*I. hortensis* et très-distinctement bilobé à la maturité. Les graines sont plus petites que dans l'*I. umbellata* et d'un brun plus foncé. Les feuilles sont lancéolées, acuminées, plus petites que dans l'*I. hortensis*, plus larges et plus courtes que dans l'*I. umbellata*. Les tiges sont divisées dès leur milieu en rameaux très-nombreux, dressés-étalés, assez raides, allongés, presque tous bi-trifides au sommet et terminés par des corymbes ombelliformes qui ont le même aspect que ceux de l'*I. umbellata*. La racine est bisannuelle. Sa taille est de 3 à 4 déc. Elle fleurit dès les premiers jours de juillet.

L'*I. umbellata* ayant été indiqué comme spontané dans le midi de la France, j'ai cru qu'il était à propos de signaler les caractères des trois formes que j'ai trouvées cultivées sous ce nom dans les jardins, afin qu'on puisse facilement reconnaître plus tard à laquelle des trois l'espèce française doit être rapportée.

Je vais maintenant décrire, en commençant par les *I. ciliata* All. et *linifolia* L., une série nombreuse d'espèces qui ne se distinguent par aucun caractère tranché de celles qui précèdent, et ne sont séparées les unes des autres que par de légères différences dans les principaux organes, différences qui sont très-saisissables, mais qui exigent beaucoup d'attention.

Iberis ciliata All.

Allioni, Auct. ad fl. ped. p. 15.

Fleurs disposées en grappes ombelliformes assez denses et resserrées à la maturité. Silicules obovales, arrondies à la base, un peu élargies au sommet; ailes des valves très-grandes, dépassant leur largeur au sommet, rétrécies inférieurement et très-distinctes jusqu'à la base; lobes de l'échancrure ovales, aigus, un peu soudés

avec la base du style, formant au-dessus un angle très-ouvert, égalant à peine le tiers de la longueur totale de la silicule, dépassés
par le style dont le stigmate est visiblement déprimé en dessus.
Feuilles d'un vert assez clair, peu charnues, garnies de cils sur
les bords; toutes obtuses, linéaires ou linéaires-spatulées; les
inférieures un peu dentées; les caulinaires plus étroites, souvent
pourvues à leur aisselle de rameaux axillaires stériles. Tige dressée, tantôt simple, tantôt divisée au-dessus de sa base, ramifiée
à sa partie supérieure; rameaux dressés-étalés, disposés en corymbe non divergent, tous simples et dépourvus de feuilles à
leur sommet, finement rudes-hispidules sur les angles. Racine
bisannuelle. Plante de 2-4 déc.

Il croît dans les lieux secs et rocailleux, à Nice, aux environs
de Grasse et de Brignolle (Var), etc. Il fleurit en juin et juillet.
Les fleurs sont blanches ou un peu purpurines. Les grappes offrent
souvent à leur base quelques pédicelles un peu écartés des autres;
mais ils sont tous à la fin ramassés en faisceau serré. Les sépales
sont concaves, obovales, assez persistants, rarement colorés. Les
pétales sont obovales-oblongs, assez petits, rétrécis insensiblement
en onglet. Le style est long de 2-3 mill. La silicule est longue de
7 mill. sur 5-6 mill. de large; l'angle formé par les lobes est de
130 à 140°. Les feuilles sont assez nombreuses et contournées;
elles laissent sur la tige, après leur chute, des cicatrices peu
saillantes. Il est très-distinct des précédents, mais il s'en rapproche par ses grappes fructifères contractées.

Iberis linifolia L.

Linné, Sp. pl. p. 905. — Garidel, Aix, p. 459, t. 105.

Fleurs disposées en grappes ombelliformes assez petites, courtes et
serrées à la maturité. Silicules petites, un peu convexes sur les deux
faces, ovales-orbiculaires, arrondies à la base, faiblement rétrécies
au sommet; valves à ailes étroites, n'égalant pas leur largeur au

sommet, très-rétrécies immédiatement au-dessous et presque nulles
à partir du milieu jusqu'à la base ; lobes de l'échancrure ovales-
linéaires, acuminés, très-écartés à la base et séparés par un sinus
semi-lunaire, égalant environ le quart de la longueur totale de la
silicule, faiblement dépassés par le style dont le stigmate est petit
et peu déprimé au centre. Feuilles d'un vert foncé, de consistance
épaisse, légèrement creusées en gouttière, terminées par un mucron calleux un peu obtus, très-glabres ; les radicales étroitement
oblongues-linéaires, longuement atténuées à la base, rarement un
peu dentées ; les caulinaires exactement linéaires, très-allongées
et très-étroites, d'abord dressées, à la fin étalées et courbées en
dehors, assez caduques ; les raméales très-courtes et obtuses. Tige
dressée, ordinairement simple à la base, très-ramifiée supérieurement ; rameaux grêles, allongés, étalés, très-divisés et entrecroisés
au sommet, glabres ainsi que toute la plante. Racine bisannuelle.
Plante de 4 à 6 déc.

Il est commun dans les régions calcaires de la Provence méri-
dionale, aux environs de Toulon, du Luc, d'Aix et de Marseille.
Il fleurit en septembre et octobre. C'est par erreur certainement
que l'époque de la floraison de cette plante est indiquée en mai
dans le Cat. d. pl. de Toulon de M. Robert ; car j'ai parcouru en
mai la localité citée dans le catalogue, et je n'ai trouvé que des
individus très-jeunes, ou çà et là de rares individus anciens qui
conservaient encore un reste de vie après l'hiver et offraient
quelques rameaux fleuris avortés. Les fleurs de cette plante sont
d'un lilas pâle et souvent blanchâtres. Les pédicelles sont presque
lisses et fort dressés. Les sépales sont concaves, obovales-elliptiques et très-colorés. Les pétales extérieurs de l'ombelle sont
grands, obovales-oblongs, atténués en onglet allongé ; les intérieurs
sont très-petits. Le style est long de 1 à 1 1/2 mill. La silicule
est longue de 4-5 mill. sur 4 mill. de large. Les graines sont
ovales-elliptiques, longues de 2 mill. sur 1 1/3 mill. de large. Les
feuilles sont assez nombreuses et laissent sur la tige, après leur

rhute, des cicatrices assez saillantes. La tige est munie de stries très-fines, qui sont plus visibles sur les rameaux.

A la suite de l'*I. linifolia* L., je crois devoir signaler comme espèce provisoire, sous le nom d'*I. stricta*, un *Iberis* dont je n'ai pas encore pu étudier la silicule, mais qui me paraît une plante distincte d'après ses autres caractères. Ses fleurs sont d'un lilas peu foncé et disposées pareillement en petites grappes serrées dont les pédicelles sont fort courts. L'ovaire est de forme moins arrondie, plus elliptique, à ailes plus larges, à lobes de l'échancrure lancéolés, séparés par un sinus moins obtus. Les feuilles sont d'un vert très-pâle et non très-foncé, assez épaisses, canaliculées, terminées par un mucron calleux très-aigu surtout dans le haut de la plante et non obtus, dressées-étalées, toutes fortement arquées et contournées irrégulièrement au moment de la fleuraison, moins exactement linéaires ; les caulinaires sont beaucoup plus courtes; les raméales sont, au contraire, plus longues et très-aiguës. La tige est haute de 3-5 déc., simple à la base, divisée bien au-dessus du milieu en rameaux nombreux plus courts, plus raides, moins étalés, divisés au sommet ou quelquefois simples. La racine paraît annuelle.

J'ai recueilli cette plante abondamment dans les lieux secs et pierreux, aux envions de Serres (Hautes-Alpes). Elle était seulement en fleur le 15 septembre 1841. Elle est très voisine de l'*I. linifolia*, mais cependant facile à distinguer à la couleur très-pâle et un peu jaunâtre de ses feuilles, qui sont bien plus courtes dans le bas, beaucoup plus aiguës dans le haut, et toutes contournées d'une manière remarquable; à ses rameaux moins étalés, plus courts et plus raides; à ses fleurs qui perdent presque entièrement leur couleur par la dessiccation et sont moins rayonnantes. Je ne doute pas que la silicule n'offre aussi des différences assez tranchées.

Iberis polita (N.).

Fleurs disposées en grappes ombelliformes courtes et serrées,
peu ou point allongées à la maturité. Silicules petites, ovales-
orbiculaires, très-arrondies inférieurement, resserrées d'une manière notable vers le haut, légèrement convexes sur les deux
faces ; ailes des valves très-étroites, n'égalant pas leur largeur au
sommet, rétrécies insensiblement sur les côtés, très-peu visibles
vers la base ; lobes de l'échancrure lancéolés, très-aigus, divergents, formant un angle très-ouvert, égalant le quart de la
longueur totale de la silicule, dépassés par le style qui est surmonté d'un stigmate petit et faiblement déprimé au centre.
Feuilles très-étalées ou réfléchies, d'un vert clair, assez minces, planes, un peu aiguës et calleuses à l'extrémité, très-glabres ; les radicales oblongues-lancéolées, atténuées en pétiole à
la base, munies de quelques dents rares et courtes ; les caulinaires
oblongues-linéaires, un peu acuminées ; les raméales plus courtes.
Tige assez grêle, dressée, flexueuse, simple ou divisée dès la base,
ramifiée au sommet ; rameaux assez nombreux, peu allongés,
dressés-étalés, flexueux, simples ou un peu divisés ; les intermédiaires plus allongés, glabres et relevés de côtes fines. Racine
bisannuelle. Plante de 2 à 4 déc.

J'ai recueilli cette espèce en quantité au pied du volcan éteint
de Montpezat (Ardèche), sur les déclivités pierreuses et incultes,
en société avec le *Silene Armeria* L. qui est très-abondant dans
la même localité. Elle était en pleine fleur le 25 juillet 1841.
Elle se rapproche beaucoup de l'*I. linifolia* par ses silicules aussi
petites et de forme orbiculaire ; mais le resserrement qui existe
au sommet est encore plus marqué ; les ailes des valves sont plus
visibles sur les côtés ; les lobes de l'échancrure sont plus divergents au sommet ; l'intervalle qui les sépare est moins semi-
lunaire et offre un angle de 150 à 140°. Le style est un peu

plus allongé. Le stigmate est plus épais et plus visiblement déprimé au centre. Les fleurs sont plus petites, d'un lilas purpurin, portées sur des pédicelles qui sont plus étalés, surtout à la maturité ; elles forment des grappes courtes mais non contractées. Les feuilles sont très-différentes, étant beaucoup plus minces, d'un beau vert clair, plus courtes et plus larges, plus étalées, laissant sur la tige des cicatrices moins saillantes. La tige est moins élancée, plus grêle; les rameaux sont plus courts et moins composés. L'époque de la floraison de ces deux espèces est bien différente, puisque l'*I. linifolia* qui croit dans un climat plus chaud fleurit deux mois plus tard.

Je place à côté de l'*I. polita* une autre espèce que j'ai recueillie en fleur le 5 mai 1841, sur un sol calcaire, à la montagne de la Sérane, près Ganges (Hérault), et qui me paraît très-distincte, soit de celle-ci, soit de l'*I. linifolia ;* mais je suis privé d'exemplaires en fruit. Je la désignerai donc, comme espèce provisoire, sous le nom de *I. maialis.* Elle se distingue des deux précédentes et surtout du *linifolia* par sa taille beaucoup plus basse et ses feuilles courtes, assez charnues, d'un vert pâle, souvent munies de dents obtuses très-profondes, lancéolées ou oblongues dans le bas, linéaires et terminées par une pointe calleuse obtuse dans le haut. Les tiges sont grêles, dressées, hautes de 1 à 2 déc., tantôt divisées dès la base, tantôt simples et portant près du sommet quelques rameaux courts, flexueux, très-grêles, peu divisés, disposés presque en corymbe. La racine est bisannuelle. Toute la plante est très-glabre. Les fleurs sont d'une belle couleur lilacée purpurine, assez grandes et à pédicelles médiocrement dressés. Les sépales sont peu colorés. Les pétales sont obovales-oblongs, rétrécis en onglet étroit. Le style est long de 1 1/2 mill. et surmonté d'un stigmate assez large et un peu émarginé. Les silicules jeunes sont de forme ovale-subelliptique, à ailes distinctes jusqu'à la base, à lobes de l'échancrure formant un angle médiocrement ouvert. Ces caractères sont fort remarquables, et je ne

doute pas que de nouvelles observations ne viennent confirmer la
légitimité de cette espèce.

Iberis Prostii Soy.-Will.

Godron, Fl. de Lorr. 1, p. 73.

Fleurs disposées en grappes ombelliformes, courtes et serrées,
s'allongeant un peu à la maturité. Silicules ovales, très-arrondies
à la base, assez rétrécies au sommet, un peu convexes sur les
deux faces; ailes des valves égalant leur largeur au sommet, rétrécies insensiblement sur les côtés et un peu visibles jusque vers
la base; lobes de l'échancrure lancéolés, dressés, un peu soudés
intérieurement au-dessus de la base du style, formant un angle
médiocrement ouvert, n'égalant pas le quart de la longueur totale
de la silicule, atteints par le style qui est surmonté d'un stigmate
petit et très-peu déprimé au centre. Feuilles étalées, souvent un peu
déjetées, d'un vert glauque, assez minces, très-glabres, linéaires-
lancéolées, un peu acuminées, terminées par une pointe calleuse
aiguë, très-entières ou un peu dentées dans le bas de la plante.
Tige assez grêle, très-lisse, élancée, ordinairement simple à la
base, ramifiée au sommet; rameaux grêles, peu striés, simples
ou parfois hispides, dressés-étalés, disposés en corymbe assez ouvert. Racine bisannuelle. Plante de 4-5 déc.
J'ai vu divers exemplaires de cette espèce provenant de Sainte-
Enimie près Mende (Lozère) et d'Anduze (Gard), qui ont été
récoltés par M. Boivin. Il est probable qu'elle se trouve dans
d'autres localités à sol calcaire de la même région. M. Sagot m'en
a envoyé un exemplaire en fleur recueilli par lui au bois de Sal-
bourg, près Cambpestre (Gard), qui me paraît un peu douteux,
les feuilles étant plus étroites, plus exactement linéaires et laissant
sur la tige, après leur chute, des cicatrices plus saillantes que
dans la plante de Mende et d'Anduze. Celle-ci est remarquable par
ses fleurs assez petites, lilacées-purpurines ou blanchâtres, por-

tées sur des pédicelles allongés très-fins, d'abord dressés, à la fin très-étalés et assez écartés. Les sépales sont obovés, un peu colorés, caducs. Les pétales sont elliptiques, rétrécis en onglet étroit. Le style est long de 1 mill., et le stigmate est aussi haut que large. La silicule est longue de 4-5 mill. sur 3-4 mill. de large ; l'angle formé par les lobes de l'échancrure est de 80°-90°. Les graines sont brunes, longues de 2 1/4 mill. sur 1 1/2 mill. de large. Les feuilles sont éparses sur la tige. Celle-ci est fort lisse et un peu luisante, à cicatrices des feuilles peu marquées.

Des différences assez nettes séparent l'*I. Prostii* de l'*I. polita*, quoique ces deux espèces soient certainement très-voisines. Dans la première, les grappes fructifères sont plus allongées ; les silicules sont ovales et non orbiculaires, à ailes plus larges, à lobes dressés et non très-divergents, à peine atteints par le style et non longuement dépassés par lui ; les feuilles sont plus allongées, très-glauques et non d'un beau vert ; la tige est plus souvent simple à la base, plus élevée, moins flexueuse, moins tuberculeuse dans le bas, à rameaux plus étalés.

Iberis Timeroyi (N.), pl. fig. B, 1 à 16.

Fleurs disposées en grappes ombelliformes courtes et serrées, s'allongeant un peu à la maturité. Silicules ovales, arrondies à la base, un peu rétrécies au sommet, aplanies en dessus, un peu convexes en dessous ; ailes des valves étroites, n'égalant pas leur largeur au sommet, très-rétrécies sur les côtés et presque nulles dans le bas ; lobes de l'échancrure lancéolés, acuminés, divergents, formant un angle très-ouvert, dépassant un peu le quart de la longueur totale de la silicule, plus courts que le style qui est surmonté d'un stigmate très-petit et peu déprimé au centre. Feuilles grandes, dressées-étalées, d'un beau vert, peu épaisses, assez planes, très-glabres, linéaires-lancéolées, un peu aiguës et calleuses à leur extrémité ; les inférieures assez larges et munies

de 3-4 dents très-courtes de chaque côté ; les moyennes et supérieures allongées, un peu acuminées, très-entières. Tige ferme,
élancée, presque toujours simple à la base, ramifiée en dessus du
milieu ; rameaux fermes, un peu anguleux, simples ou bifides
au sommet, dressés-étalés et disposés en corymbe assez ouvert.
Racine bisannuelle. Plante de 5 à 10 déc.

Cette espèce a été découverte par M. Timeroy aux environs de
Crémieu (Isère), où elle croît sur des collines calcaires rocailleuses
et boisées. Sa floraison commence vers le milieu du mois d'août
et se prolonge jusqu'en septembre. Les fleurs sont d'une belle
couleur lilacée-purpurine et assez grandes ; elles forment, au
moment de la floraison, des ombelles ou corymbes hémisphé-
riques, et vont en diminuant de grandeur très-régulièrement de
la circonférence au centre du corymbe. Les pédicelles sont
finement hispidules, plus longs que le calice, dressés-étalés,
un peu flexueux ; les extérieurs sont à la fin très-étalés. Les
sépales sont égaux à la base, assez lâches, très-concaves, obovales, colorés et membraneux sur les bords et au sommet. Les
pétales extérieurs sont elliptiques-oblongs, contractés assez brusquement vers leur quart inférieur en un onglet très-étroit et long
de 2 mill. ; les pétales intérieurs ont le limbe elliptique-arrondi,
presque égal à l'onglet, non ascendant comme dans les extérieurs,
mais plié sur l'onglet et fortement déjeté. Les étamines sont un
peu saillantes, à filets purpurins et à anthères d'un beau jaune,
ovales, obtuses, longues de 2/3 mill. sur 1/2 mill. de large. L'o-
vaire est ovale-oblong, à pointes de l'échancrure non appliquées
sur le style, long de 1 1/2 mill. sur 1 mill. de large. Le style est
purpurin, long de 2 mill. Le stigmate est petit, à disque verdâtre,
large de 1/4 mill., haut de 1/5 mill., muni en dessus d'un sillon
très-faible. Les glandes du réceptacle sont ovales, verdâtres, épaissies supérieurement, hautes de 5/4 mill. La silicule est souvent
verdâtre ou un peu colorée sur les bords ; sa longueur totale est
de 5 à 7 mill. et sa largeur de 4-5 mill. ; elle est toujours plus ou

moins rétrécie vers le sommet des valves, quelquefois un peu rétrécie vers la base mais toujours arrondie ; l'angle formé par les
lobes est de 120 à 130°. Les graines sont d'un brun roux assez
clair, longues de 3 mill. sur 2 1/4 mill. de large. Les feuilles sont
médiocrement nombreuses et d'un beau vert, comme dans l'*I.
umbellata*, jamais glauques ; elles ne ressemblent pas mal à celles
de cette dernière espèce pour la grandeur, la forme et l'aspect.
La tige est élancée, assez robuste, et s'élève très-souvent jusqu'à
un mètre, même parmi les rocailles ; elle est lisse et glabre, peu
striée, marquée, surtout dans le bas, des cicatrices des feuilles
qui sont fort saillantes.

Cette plante est évidemment distincte de toutes les espèces qui
précèdent. Ses grappes fructifères moins courtes, la forme et la
grandeur de ses silicules, son feuillage et son port, l'éloignent
complètement de l'*I. linifolia* ; elle n'est pas moins différente de
l'*I. polita*, qui est une plante beaucoup plus basse et plus grêle,
à feuilles bien plus courtes, et dont les silicules sont presque de
moitié plus petites, de forme orbiculaire, resserrées bien davantage au sommet, à lobes plus divergents et plus manifestement
dépassés par le style. L'époque de la floraison n'est pas la même
pour ces diverses espèces. L'*I. linifolia* fleurit un mois après l'*I.
Timeroyi*, et l'*I. polita* un mois avant, quoique d'après le rapport
des climats, la floraison de ces diverses plantes dût avoir lieu
d'une manière toute opposée, si elles n'étaient pas de nature différente. Ainsi l'*I. linifolia* qui est très-méridional devrait fleurir
le premier, l'*I. Timeroyi* le second, et l'*I. polita* le dernier
de tous, puisqu'il croît dans un pays montagneux et sur un sol
moins chaud que le sol calcaire.

Je ne connais pas l'époque de la floraison de l'*I. Prostii*, qui
probablement est moins tardive que l'*I. Timeroyi*. Ces deux plantes
ne peuvent être confondues. L'*I. Timeroyi* a les fleurs plus grandes, plus étroitement ailées, à lobes de l'échancrure bien plus
divergents et plus acuminés, toujours un peu dépassés par le

style. Son feuillage est d'un beau vert et jamais glauque. Sa tige est plus élevée et plus robuste, plus manifestement tuberculeuse après la chute des feuilles.

IBERIS COLLINA (N.).

Fleurs disposées en grappes ombelliformes assez allongées à la maturité. Silicules ovales-elliptiques, peu ou point rétrécies vers le haut, un peu arrondies dans le bas, convexes en dessous ; ailes des valves égalant ou dépassant un peu leur largeur au sommet, rétrécies insensiblement sur les côtés et visibles jusqu'à la base ; lobes de l'échancrure lancéolés, acuminés, formant un angle assez ouvert, n'égalant pas le quart de la longueur totale de la silicule, atteints ou rarement un peu dépassés par le style dont le stigmate est assez large et visiblement émarginé. Feuilles dressées-étalées ou à la fin déjetées, vertes, peu épaisses, planiuscules, glabres, linéaires-oblongues, assez brièvement rétrécies aux deux extrémités, terminées par un mucron calleux peu aigu ; les inférieures munies de chaque côté de trois dents saillantes ; les moyennes et supérieures ordinairement très-entières. Tige dressée, un peu flexueuse, simple ou le plus souvent divisée au-dessus de la base, ramifiée au-dessus du milieu ; rameaux un peu anguleux, flexueux, ordinairement simples, peu étalés, souvent ascendants à la base et redressés à la maturité, disposés en corymbe peu ouvert. Racine bisannuelle. Plante de 2 à 4 déc.

Cette espèce croît dans les montagnes du Bugey. Je l'ai recueillie à Serrières (Ain), où elle vient en abondance sur des collines rocailleuses et boisées. Elle a été observée par M. Timeroy au-dessus de Lhuis et dans des localités voisines. Elle se trouve également aux environs de Nantua où elle a été indiquée par Auger, sous le nom de *I. umbellata* L. J'en ai reçu de M. Revellat des exemplaires récoltés aux environs de Die (Drôme), qui me paraissent conformes à la plante de Serrières. Elle se trouve aussi aux environs d'Avignon. Sa floraison commence vers le milieu de mai et dure jusqu'en juin. Les fleurs sont d'une belle couleur purpurine. Les corymbes s'allongent assez et deviennent ovales à la maturité. Les pédicelles sont presque glabres, à la fin assez étalés. Les sépales sont obovales, colorés sur les bords, très-caducs. Les pétales extérieurs sont elliptiques. Le style est long de 2 mill. Le stigmate est visiblement déprimé en dessus. La silicule est longue de 5 à 7 mill. et large de 4 à 5 mill.; l'angle formé par les lobes de l'échancrure est de 100 à 110°. Les feuilles sont médiocrement nombreuses et laissent sur la tige des cicatrices un peu saillantes. Celle-ci est très-lisse, à côtes nulles dans le bas.

Des caractères assez tranchés distinguent cette espèce des précédentes. Son feuillage vert et non glauque, ses tiges assez basses et presque toujours divisées à la base, ses rameaux courts, ses pédicelles plus épais et plus étalés au moment de la floraison, son stigmate émarginé et plus large, enfin ses silicules qui sont presque aussi larges au sommet que dans leur milieu, l'éloignent de l'*I. Prostii.* Elle diffère de l'*I. Timeroyi*, par ses grappes un peu plus allongées à la maturité; ses silicules moins resserrées au sommet, bien plus largement ailées, à lobes formant un angle un peu moins ouvert; son style moins saillant; son stigmate plus gros, à dépression plus marquée; ses feuilles bien moins acuminées et plus étalées; sa tige beaucoup plus basse, souvent divisée à la base et non toujours simple, à rameaux plus flexueux et moins étalés à la maturité. L'époque de la floraison est très-différente, quoique ces deux plantes croissent à quelques lieues l'une de l'autre, dans des stations presque identiques de tout point. L'*I. collina* est complètement desséchée et dépourvue de ses graines bien avant que l'*I. Timeroyi* ait commencé à fleurir.

Sous le rapport de la taille et du port, l'*I. collina* a quelque ressemblance avec l'*I. polita;* mais la forme de la silicule qui dans ce dernier est orbiculaire, très-resserrée au sommet, à ailes très-étroites et lobes très-divergents, exclut tout rapprochement. L'*I. linifolia* en est encore plus éloigné par ses divers caractères.

IBERIS VIOLETI Soy.-Will.

Godron, Fl. de Lorr. 1, p. 73.

Fleurs disposées en grappes corymbiformes assez serrées et un peu allongées à la maturité. Silicules ovales-elliptiques, légèrement rétrécies au sommet et à la base, un peu convexes en dessous ; ailes des valves égalant à peine leur largeur au sommet, rétrécies insensiblement sur les côtés et presque nulles vers la base ; lobes de l'échancrure ovales, acuminés, formant un angle assez ouvert, égalant le cinquième de la longueur totale de la silicule, atteints par le style dont le stigmate est marqué en dessus d'un faible sillon. Feuilles d'un vert un peu foncé, très-charnues, glabres, très-étalées ou réfléchies, linéaires-lancéolées, atténuées à la base ou au sommet ; les caulinaires inférieures munies souvent vers le haut de une à deux dents saillantes ; les supérieures très-entières. Tige assez épaisse, raide, dressée, un peu flexueuse, tantôt simple, tantôt très-divisée au-dessus de la base, terminée par des rameaux en corymbe très-étalés, un peu flexueux, simples ou quelquefois bifides. Racine bisannuelle. Plante de 2 déc.

Il croît sur le calcaire jurassique à Saint-Mihiel (Meuse), et fleurit en juillet et août, d'après l'indication de la Flore de Lorraine. Les fleurs de cette espèce sont d'un lilas purpurin et assez grandes. Les pédicelles sont brièvement hispidules, très-étalés à la maturité. Les sépales sont obovales, colorés sur les bords, un peu inégaux à la base, lâches et caducs. Les pétales sont obovales-oblongs, rétrécis en onglet assez long. Le style est long de 1 mill. La silicule est longue de 4 mill. sur 3-4 mill. de large. L'angle formé par les lobes de l'échancrure est de 100-110°. Les graines sont longues de 2 1/4 mill. sur 1 1/2 de large. Les feuilles sont assez petites, nombreuses, très-rapprochées, et laissent sur la tige des cicatrices très-saillantes. Celle-ci est un peu anguleuse, quelquefois très-épaissie dans le bas.

Cette plante s'éloigne des précédentes par des caractères assez tranchés, et elle est à mon avis plus voisine de celles dont il me reste à parler. Ses silicules forment des grappes moins lâches que dans l'*I. collina;* elles sont plus petites, plus resserrées au sommet, à ailes plus étroites, à lobes de l'échancrure plus courts, à style également plus court. Ses pétales sont de forme moins elliptique, plus élargis du haut, moins brusquement rétrécis en onglet. Ses feuilles sont plus épaisses et plus coriaces. La tige est plus basse, plus épaisse dans sa partie inférieure, et ses rameaux supérieurs forment un corymbe bien plus ouvert. L'époque de la floraison est différente. Elle s'éloigne encore davantage de l'*I. Timeroyi* qui est une plante de grande taille, à feuilles allongées et point épaisses, dont les pétales sont elliptiques et les silicules à ailes plus étroites, à lobes plus divergents dépassés par le style. Les *I. Prostii, polita* et *linifolia* sont également très-différentes.

Iberis Durandii Lor. et Dur.

Lorey et Duret, Fl. d. l. Côte d'Or, 1, p. 68, pl. 1.

Fleurs disposées en grappes corymbiformes assez serrées, s'allongeant un peu à la maturité. Silicules ovales-elliptiques, un peu rétrécies au sommet et souvent à la base, un peu convexes en dessous. Ailes des valves étroites, n'égalant pas leur largeur au sommet, très-rétrécies sur les côtés et presque nulles vers la base; lobes de l'échancrure ovales, brièvement acuminés, formant un angle très-obtus, égalant le sixième de la longueur totale de la silicule, atteints ou un peu dépassés par le style dont le stigmate est petit et marqué en dessus d'un faible sillon. Feuilles d'un vert foncé, souvent un peu luisantes en dessus, glabres, charnues, très-étalées ou réfléchies, étroitement linéaires-oblongues, rétrécies à la base et un peu au sommet, à pointe calleuse peu aiguë; les radicales et caulinaires inférieures munies quelquefois vers le haut, de chaque côté, de 1 - 2 dents très-courtes ; les supérieures très-entières. Tige dressée, ferme, élancée, un peu anguleuse, tantôt simple, tantôt divisée au-dessus de la base, terminée par des rameaux en corymbe dressés-étalés simples. Racine bisannuelle. Plante de 4 à 6 déc.

Il croît sur les coteaux secs et pierreux des terrains calcaires dans diverses localités de la Côte-d'Or, d'après Lorey et Duret, Fl. de la Côte-d'Or, et de l'Yonne, d'après Boreau, Fl. du Centr. 2, p. 66. Je l'ai reçu de M. Fleurot, provenant du vallon Sainte-Foix près Dijon. Il fleurit dans la dernière quinzaine de juillet, et sa floraison se prolonge jusqu'en septembre. Les fleurs sont purpurines, de grandeur moyenne. Les pédicelles sont brièvement hispidules, très-étalés à la maturité. Les pétales sont obovales-oblongs, rétrécis en onglet. Le style est long de 1 mill. La silicule est longue de 6 mill. sur 4 mill. de large. L'angle formé par les lobes de l'échancrure est de 120°. Les graines sont longues de 2 1/2—2 3/4 mill. sur 2 mill. de large. Les feuilles sont nombreuses, assez courtes dans le bas, assez coriaces, canaliculées en dessus, quelquefois un peu luisantes, laissant sur la tige après leur chute des cicatrices un peu saillantes. La tige est un peu anguleuse, relevée de côtes fines assez distinctes.

Les *I. Durandii* et *Violeti* sont certainement deux plantes très-voisines qui ont plus d'affinité que n'en ont entre elles les autres espèces que j'ai décrites ; mais je ne doute pas qu'elles ne soient distinctes en raison de leur port qui est très-différent. Les silicules ont à peu près la même forme ; mais elles sont généralement plus grosses, et l'angle formé par les lobes est plus ouvert dans le *Durandii*. Les feuilles sont coriaces dans les deux espèces, mais plus rapprochées, plus souvent réfléchies et à dents bien plus saillantes dans le *Violeti*. La tige de cette dernière est beaucoup plus basse, plus fréquemment divisée au-dessus de la base, et munie au sommet de rameaux plus étalés.

L'*I. Durandii* se rapproche par son port de l'*I. Timeroyi;*
mais celui-ci est une plante plus robuste, très-distincte par ses
feuilles plus larges, allongées, acuminées, planes, point épaisses,
bien moins étalées; ses silicules plus rétrécies au sommet, plus
arrondies à la base, à lobes dépassés par le style; sa floraison
plus tardive d'un mois.

A côté de l'*I. Durandii*, Lor et Dur. vient se placer l'*I. divaricata* Tausch, plante des environs de Trieste, à fleurs également
purpurines, mais à rameaux divariqués, et à style plus court que
les lobes de l'échancrure qui ne sont pas divergents.

La plante de Boppard rapportée dans les flores d'Allemagne,
soit à l'*intermedia* Guers., soit au *divaricata* Tausch, est, à mon
avis, différente de l'*I. intermedia* Guers., d'après les nombreux exemplaires que je possède de ces deux plantes, qui sont
toutes deux à fleurs blanches. Je ne doute pas qu'elle ne soit
encore plus éloignée de l'*I. divaricata* que je ne connais que par
les descriptions; car cela me parait résulter clairement des observations présentées par M. Berhnardi. Je vais en donner la description.

IBERIS BOPPARDENSIS (N.).

I. divaricata Koch, Syn. fl. germ. éd. 1, p. 70 (en partie), non Tausch.
— *I. intermedia* Koch, Syn. fl. germ. éd. 2, p. 75 (en partie), non
Guersent.

Fleurs disposées en grappes d'abord courtes et ombelliformes,
s'allongeant pendant la floraison, presque oblongues à la maturité. Silicules ovales-subelliptiques, légèrement rétrécies au sommet,
un peu convexes sur les deux faces, surtout en dessous;
ailes des valves égalant à peine leur largeur au sommet, rétrécies
insensiblement sur les côtés et presque nulles au-dessous du milieu jusqu'à la base; lobes de l'échancrure ovales-lancéolés, aigus,
formant un angle assez ouvert, peu ou point divergents au sommet, n'égalant pas le quart de la longueur totale de la silicule,

atteints par le style dont le stigmate est petit et assez visiblement
déprimé au centre. Feuilles d'un vert pâle, assez épaisses, étalées ou déjetées, linéaires ou linéaires-lancéolées, rétrécies au
sommet et à la base, terminées par une pointe calleuse un peu
aiguë ; les inférieures munies de quelques dents très-courtes ; les
moyennes et supérieures très-entières et assez étroites. Tige dressée, souvent simple inférieurement, très-ramifiée au sommet ;
rameaux un peu anguleux, fermes, simples ou rarement bifides,
assez étalés, ascendants à leur extrémité supérieure, disposés en
corymbe irrégulier. Racine bisannuelle. Plante de 4-6 déc.

Je l'ai reçu de Boppard (Prusse rhénane), qui paraît sa seule
localité connue. Il fleurit en juillet. Les fleurs sont blanches ou
parfois un peu lavées de lilas. Les pédicelles sont assez grêles,
allongés, un peu rudes, étalés pendant la floraison, souvent à la
fin un peu déjetés. Les sépales sont colorés, obovales, assez caducs.
Les pétales sont obovales-oblongs, contractés en onglet assez étroit
et long de 2 mill. Le style est long de 1 à 1 1/2 mill. La silicule
est longue de 6-7 mill. sur 4-5 mill. de large ; l'angle formé par
les lobes de l'échancrure est de 100-110°. Les feuilles sont nombreuses et offrent souvent à leur aisselle des rameaux stériles. La
tige est marquée de côtes très-fines, souvent épaissie dans le bas,
et un peu tuberculeuse après la chute des feuilles.

Cette espèce est certainement très-voisine des *I. Durandii,*
Violeti, et *divaricata.* Ses fleurs blanches la distinguent de ces
trois espèces, ainsi que la forme de ses grappes qui sont évidemment plus lâches et plus allongées à la maturité. Ses feuilles
paraissent moins fortement caniculées et moins épaisses que
dans le *Durandii,* et bien moins égales dans leur forme, étant
toujours plus rétrécies au sommet et à la base et plus aiguës ;
elles sont aussi d'un vert plus pâle. Les lobes de la silicule forment un angle un peu moins ouvert et sont plus allongés. L'*I. Vio-*
leti est de taille beaucoup plus basse, à feuilles plus charnues,
à silicules notablement plus petites. L'*I. divaricata,* d'après la

description très-incomplète donnée par Tausch, dans le Flora od.
bot. zeit. v. 14, p. 213, s'en éloigne par ses fleurs purpurines et
ses rameaux très-divariqués, *ramis divaricatissimis ;* les lobes de
la silicule dépassent le style et ne sont point divergents.

Iberis intermedia Guers.

Guersent, Bull. phil. n° 82, t. 21.

Fleurs disposées en grappes ombelliformes assez serrées, s'al
longeant un peu à la maturité. Silicules ovales, presque égales à
la base et au sommet, un peu convexes sur les deux faces, surtout en dessous ; ailes des valves larges, dépassant un peu leur
largeur au sommet, rétrécies sur les côtés et presque nulles à
partir du milieu jusqu'à la base ; lobes de l'échancrure ovales,
acuminés, divergents au sommet, formant un angle très-ouvert,
égalant presque le tiers de la longueur totale de la silicule, dépassant longuement le style dont le stigmate est petit et marqué
en dessus d'un très-faible sillon. Feuilles vertes, un peu épaisses,
dressées-étalées ou courbées en dehors, linéaires-lancéolées, rétrécies à la base, un peu acuminées au sommet, à pointe calleuse
aiguë ; les inférieures munies de quelques dents près du sommet ;
les moyennes et supérieures très-entières. Tige dressée, assez
ferme, souvent simple inférieurement, munie au sommet de rameaux en corymbe, dressés-étalés, simples ou parfois bifides.
Racine bisannuelle. Plante de 4 à 6 déc.

Il croît sur les collines calcaires, entre Rouen et Duclair (Seine-
Inférieure), et fleurit en juillet et août. Les fleurs sont blanches
ou parfois un peu lavées de lilas. Les pédicelles sont très-courts,
à la fin étalés, un peu rudes. Les sépales sont obovales, colorés,
peu inégaux à la base, assez persistants. Les pétales sont obovales-
oblongs, rétrécis en onglet vers la base. Le style est long de 3/4-1
mill. La silicule est longue de 6 à 7 mill. sur 5 mill. de large ;
l'angle formé par les lobes de l'échancrure est de 120 à 140°.
Les graines sont longues de 2 1/2 mill. sur 1 2/3 mill. de large.

Les feuilles sont éparses sur la tige et pourvues quelquefois à leur aisselle de rameaux stériles. La tige est arrondie, marquée de côtes très-fines, assez égale à la base, et peu ou point tuberculeuse après la chute des feuilles.

Cette plante me paraît très-suffisamment distincte de l'*I. Durandii*, et j'ai lieu de croire que le rapprochement que quelques botanistes ont voulu établir entre ces deux plantes n'est fondé que sur un examen très-superficiel ou sur des idées systématiques préconçues. En effet, les silicules présentent des différences fort nettes et se ressemblent certainement beaucoup moins que celles des *I. Violeti* et *Durandii*, qui sont cependant des espèces distinctes. Dans l'*I. intermedia*, la silicule est plutôt élargie que rétrécie dans le bas. Elle est presque aussi large à sa partie supérieure, comme dans l'*I. collina*, et non rétrécie comme dans l'*I. Durandii*; les ailes sont du double plus larges; l'angle formé par les lobes est plus ouvert. Ceux-ci sont du double plus allongés, plus acuminés et plus divergents au sommet. Le style est relativement aux lobes bien plus court. Les feuilles sont de forme plus lancéolée, plus rétrécies au sommet et plus aiguës, moins charnues et moins canaliculées; elles sont moins nombreuses et moins étalées, à dents plus saillantes. Les rameaux de la tige forment un corymbe moins ouvert. Celle-ci est plus arrondie et relevée de côtes moins saillantes.

L'*I. boppardensis* a beaucoup d'affinité avec l'*intermedia*; mais il offre des grappes plus lâches, à pédicelles plus allongés; ses pétales sont contractés en onglet plus étroit; ses silicules sont plus rétrécies vers le haut, à ailes visibles un peu au-dessous du milieu, à lobes de l'échancrure bien moins acuminés et moins divergents au sommet, à style presque égal aux lobes et non beaucoup plus court; ses feuilles sont plus nombreuses et plus rapprochées sur la tige et les rameaux, généralement plus étroites, mais moins acuminées au sommet, laissant après leur chute des cicatrices plus saillantes sur la tige qui est plus épaissie vers sa base.

Iberis amara L.

Linné, Sp. pl. p. 906. — Gaudin, Fl. helv. 4, p. 228.

Fleurs disposées en grappes d'abord courtes et serrées, s'allongeant pendant la floraison, presque oblongues à la maturité. Silicules ovales-orbiculaires un peu rétrécies au sommet, convexes en dessous; ailes des valves égalant leur largeur au sommet, rétrécies sur les côtés et très-distinctes jusqu'à la base; lobes de l'échancrure ovales-deltoïdes, aigus, formant un angle peu ouvert, n'égalant pas le quart de la longueur totale de la silicule, un peu dépassés par le style dont le stigmate est marqué en dessus d'un léger sillon. Feuilles d'un vert assez foncé, subciliées, planes, un peu épaisses, non calleuses au sommet, dressées-étalées, oblongues, obtuses, longuement atténuées à la base, munies de chaque côté de 1 à 3 grosses dents obtuses ou un peu aiguës, rarement entières. Une ou plusieurs tiges dressées, un peu flexueuses, finement anguleuses, subciliées ou glabres, très-rameuses; rameaux ciliés-pubescents, courts, fermes, ordinairement simples, assez étalés, disposés en corymbe. Racine annuelle. Plante de 2-3 déc.

Il est assez commun dans les champs d'une grande partie de la France et fleurit de juin en septembre. Les fleurs sont blanches ou quelquefois légèrement violacées. Les pédicelles sont très-étalés et finement hispidules en dessus. Les sépales sont lâches, obovales, caducs, membraneux sur les bords et souvent colorés. Les pétales sont elliptiques, contractés vers la base en onglet très-étroit. Le style est long de 1 1/2 mill. La silicule est longue de 6 mill. sur 5-6 mill. de large. Les graines sont brunes, longues de 3 mill. sur 2 1/4 mill. de large. Les feuilles sont assez écartées, faiblement pubescentes ou glabres, laissant sur la tige après leur chute des cicatrices peu saillantes.

J'ai récolté aux environs de Barrèges (Hautes-Pyrénées) une forme assez remarquable de cette espèce, dont les silicules sont plus

grandes, à ailes un peu plus larges, à lobes dépassant un peu le
style, et dont les feuilles sont larges, peu dentées, à dents courtes
et presque aiguës. Je ne crois pas cependant qu'elle diffère spéci-
fiquement de la forme ordinaire.

L'*I. amara* s'éloigne des précédents par sa racine annuelle et
ses feuilles presque toutes dentées. Ses grappes fructifères sont
aussi plus allongées.

Iberis panduræformis Pourr.

Pourret, Chlor. Narbon. et exsiccat!

Fleurs disposées en grappes d'abord courtes et serrées, s'allongeant pendant la floraison, presque oblongues à la maturité. Silicules ovales-orbiculaires, élargies au sommet, convexes en dessous; ailes des valves égales à leur largeur au sommet, rétrécies
insensiblement sur les côtés et très-distinctes jusqu'à la base;
lobes de l'échancrure ovales, obtus, formant un angle assez ouvert,
n'égalant pas le quart de la longueur totale de la silicule, dépassant le style dont le stigmate est marqué en dessus d'un léger
sillon. Feuilles d'un vert assez foncé, subciliées, planiuscules, un
peu épaisses, non calleuses au sommet, dressées-étalées, oblongues, obtuses, profondément sinuées-lobées ou subpinnatifides, à
lobes obtus. Une ou plusieurs tiges dressées, assez fermes, subciliées, très-rameuses; rameaux en corymbe, dressés-étalés, anguleux, pubescents, presque simples. Racine annuelle. Plante de
2-3 déc.

Cette plante croît dans diverses localités du midi de la France.
J'en ai vu des exemplaires provenant des environs de Mende (Lozère) et d'autres de Narbonne, étiquetés par Pourret. Elle est
très-voisine de l'*I. amara*, auquel elle ressemble beaucoup par
la couleur de ses fleurs et la forme de ses grappes, qui sont égale-
lement allongées à la maturité; mais elle en diffère par ses silicules élargies et non rétrécies au sommet, presque obovales, à lobes

très-obtus formant un angle de 100 à 110° et non dépassés par le style. La silicule est longue de 6-7 mill. sur une largeur au moins égale. Le style est long de 1 1/4 mill. Les graines sont longues de 2 1/2 mill. sur 1 3/4 mill. de large. Les feuilles semblent tenir exactement le milieu entre celles de l'*I. amara* L. et celles de l'*I. pinnata* Gou.; mais elles ont cependant plus de ressemblance véritable avec celles de l'*amara*. Il est certain qu'elle marque le passage entre ces deux espèces, puisqu'elle a été rapportée à l'*I. pinnata*; mais, à mon avis, elle peut être distinguée de l'une et de l'autre.

Je ne connais pas l'*I. bicolor* Rchb. ni l'*I. ruficaulis* Lejeune, qui sont rapportés en synonyme à l'*I. amara*.

L'*I. taurica* D. C. semble marquer le passage de l'*I. amara* à l'*I. ciliata*, mais est bien distinct de l'un et de l'autre : du premier par ses grappes resserrées à la maturité, ses feuilles presque entières et sa racine bisannuelle; du second par ses silicules orbiculaires et non obovales, à ailes moins élargies au sommet et plus rétrécies à la base, à lobes moins divergents, par ses tiges à rameaux peu nombreux et peu étalés.

Iberis pinnata Gou.

Gouan. Hort. monsp. 319.

Fleurs disposées en grappes ombelliformes assez denses, resserrées et assez courtes à la maturité. Silicules ovales-arrondies, de forme presque égale, un peu convexes en dessous; ailes des valves égalant ou dépassant un peu leur largeur au sommet, rétrécies inférieurement et très-distinctes jusqu'à la base; lobes de l'échancrure ovales, aigus, brièvement soudés vers la base du style, formant au-dessus un angle assez ouvert, n'égalant pas le quart de la longueur totale de la silicule, atteints par le style dont le stigmate est petit et faiblement déprimé au centre. Feuilles d'un vert assez foncé, un peu creusées en gouttière, finement ciliées-pubescentes ou glabriuscules, toutes pinnatifides à lobes

étalés-linéaires obtus ; les caulinaires souvent pourvues à leur aisselle de rameaux axillaires stériles. Tige dressée, tantôt simple,
tantôt très-divisée au-dessus de sa base, ramifiée à sa partie supérieure; rameaux dressés-étalés, disposés en corymbe et presque nivelés, simples ou bifides, finement rudes-pubescents sur les angles.
Racine annuelle ou souvent bisannuelle. Plante de 1 1/2 à 3 déc.

Il est commun partout dans les champs calcaires des provinces
méridionales de la France jusqu'à Lyon. Il fleurit en mai et juin.
Les fleurs sont blanches, de grandeur moyenne. Les pédicelles
sont très-finement pubescents, étalés après la floraison, redressés
et ramassés en faisceau à la maturité. Les sépales sont un peu
concaves, obovales, peu persistants, souvent colorés. Les pétales
sont obovales-oblongs, à onglet étroit. Le style est long de 1 1/4
mill. La silicule est longue de 6 mill. sur 5-6 mill. de large.
Les graines sont rousses, longues de 2 1/2 mill. sur 1 2/3 mill.
de large. Les feuilles sont nombreuses, assez étalées et toutes
finement découpées à leur sommet; elles laissent sur la tige
après leur chute des cicatrices très-peu visibles.

Il diffère de l'*I. panduræformis* Pourr. surtout par ses grappes
fructifères contractées ; ses silicules moins élargies au sommet, à
ailes plus étroites, à lobes plus aigus ; son style plus long ; ses
feuilles très-étroites, distinctement canaliculées et découpées en
lobes tout-à-fait linéaires.

J'arrive aux espèces à souche vivace, qui sont peu nombreuses
en France. Deux seulement ont été signalées, l'*I. garrexiana* All.
et l'*I. saxatilis* L., auxquelles il faut ajouter une nouvelle espèce
dont voici la description.

IBERIS PETRÆA (N.), pl. 1, fig. A, 1 à 3.

Fleurs disposées en grappes ombelliformes, qui ne sont point
allongées à la maturité. Silicules ovales-orbiculaires, de forme
assez égale, enflées-convexes en dessous; ailes des valves égalant
à peine leur largeur au sommet, rétrécies insensiblement sur les

côtés et visibles jusqu'à la base; lobes de l'échancrure ovales, obtus, formant un angle aigu, égalant le cinquième de la longueur totale de la silicule, longuement dépassés par le style dont le stigmate est un peu déprimé au centre. Feuilles d'un vert assez foncé, un peu épaisses; les radicales oblongues-subspatulées, assez longuement rétrécies en pétiole à la base, munies sur les côtés de 1-2 dents très-obtuses, ou souvent presque entières, glabres ou munies de quelques cils épars; les caulinaires éparses sur la tige, dressées-étalées, oblongues ou linéaires-spatulées, tantôt entières, tantôt munies vers le sommet de une ou deux grosses dents, garnies sur les bords et souvent sur les faces de petits cils étalés, rarement presque glabres. Tiges assez nombreuses, très-simples, grêles, flexueuses, souvent ascendantes à la base, arrondies, lisses, un peu ciliées surtout dans le bas. Souche vivace, assez compacte, à rejets très-courts, nombreux, terminés par des rosettes de feuilles ou des tiges florifères. Plante de 4-8 cent.

J'ai découvert cette espèce au-dessus d'Athas (Basses-Pyrénées), au même lieu que l'*Euphorbia pyrenaica* Jord. Elle vient dans la région alpine, parmi les rocailles calcaires ou sur les rochers escarpés. Elle fleurit en juillet. Les fleurs sont petites et de couleur blanche. Les pédicelles sont dressés-étalés, glabres en dessous, très-hispides en dessus, égalant à peine la longueur de la silicule. Les sépales sont obovales-oblongs, largement blancs-membraneux sur les bords, souvent un peu purpurins sur le dos, très-peu persistants. Les pétales sont obovales-oblongs, atténués insensiblement en onglet. Le style est assez épais, long de 1 3/4 mill. La silicule est longue de 4 1/2 à 5 mill. sur 4 mill. de large; l'angle formé par les lobes de l'échancrure est de 70-80°. Les graines sont d'un brun roux, longues de 2 mill. sur 1 mill. de large. Les feuilles sont peu rapprochées, et laissent sur la tige après leur chute des cicatrices assez saillantes. Le diamètre des tiges n'est que de 1 mill.; elles sont assez égales dans leur grosseur ou légèrement épaissies au sommet.

L'*I.Pruiti* Tin.— Guss. Syn. Fl. sic. p. 149, diffère de l'*I. petræa*
par ses fleurs purpurines-blanchâtres ; ses silicules plus grosses à
lobes plus arrondis ; ses feuilles glabres et entières, obovales-spa-
tulées et beaucoup plus larges dans le bas, oblongues-linéaires et
non spatulées dans le haut ; ses tiges un peu ramifiées à la base
et non très-simples.

L'*I. Tenoreana* D. C. Syst. 2, p. 404. est probablement une
plante différente de l'*I. Pruiti* Tin. D'après des exemplaires
récoltés au mont Sant-Angelo près Naples , qui m'ont été envoyés
par M. Leresche , il est entièrement cilié-pubescent ; les feuilles
sont pour la plupart munies de 1 à 3 dents courtes près du sommet ; les tiges sont très-nombreuses, diffuses, ramifiées à la base,
à rameaux ascendants très-flexueux souvent bifides au sommet ;
les fleurs sont purpurines-blanchâtres, disposées en grappes ombelliformes très-serrées et ne s'allongeant pas à la maturité. Les silicules sont ovales, très-convexes en dessous, à ailes dépassant la
largeur des valves au sommet et assez visibles jusqu'à la base, à
lobes de l'échancrure ovales aigus très-rapprochés souvent presque contigus vers leur pointe et dépassés par le style. La souche
est verticale, assez allongée, point épaissie, n'offrant pas des rosettes stériles mêlées avec les tiges florifères.

J'ai reçu de Carie sous le nom d'*I. Tenoreana*, un *Iberis* récolté
par M. Pinard qui est, à mon avis une plante différente de celle
de Naples. Il est également cilié-pubescent et à fleurs purpurines-
blanchâtres ; mais ses fleurs forment des grappes qui s'allongent
pendant la floraison, tandis que dans l'*I. Tenoreana* elles ne
s'allongent aucunement et sont même assez contractées à la maturité ; les pédicelles sont évidemment plus épais et plus étalés à
angle droit. Les lobes de la silicule sont très-obtus et non très-
aigus, évidemment plus écartés ; les ailes paraissent aussi larges
au sommet et plus distinctes vers la base. Le style est plus épais
et plus court, long de 1 1/4 mill., tandis que dans le *Tenoreana*
il dépasse ordinairement 2 mill. Les feuilles sont de forme assez

semblables, spatulées dans le bas, oblongues ou linéaires dans le haut, mais moins rétrécies vers leur base, plus courtes et presque toutes entières. La tige est très-ramifiée dès la base, à rameaux plus ou moins divisés inférieurement, étalés, ascendants, rapprochés et presque nivelés au sommet. La racine paraît tout au plus bisannuelle. Je n'ai pas vu d'exemplaires très-bien fructifiés de cette plante, mais cependant je ne doute pas qu'elle ne soit distincte de l'*I. Tenoreana* D. C., et je la désignerai sous le nom d'*I. Pinardi*.

L'*I. Ragnevalii* Boiss. et Reut., qui est tout couvert d'une pubescence cendrée très-courte, paraît une espèce très-différente de celles qui précédent ; ses fleurs sont lilacées, disposées en grappes courtes et très-serrées ; ses feuilles sont linéaires, obtuses, et sa racine est bisannuelle.

L'*I. pubescens* Willd. En. suppl. p. 43, dont la patrie n'est pas connue, a comme l'*I. petræa* les feuilles ciliées, obtuses, linéaires-spatulées et un peu dentées ; mais, d'après la description de l'auteur cité, il s'en éloigne complètement par ses fleurs élégantes d'un violet pâle et en corymbe très-fourni, ses tiges couchées, suffrutescentes, à rameaux herbacés striés et très-nombreux.

Les *I. garrexiana* All. et *saxatilis* L., sont à fleurs blanches et ont beaucoup de ressemblance par la forme des silicules, mais sont d'ailleurs fort distincts et bien connus. Dans le *garrexiana*, les fleurs sont assez grandes et forment des grappes qui sont un peu lâches et allongées à la maturité ; les silicules sont ovales, largement ailées dans tout leur pourtour, à lobes de l'échancrure larges, ovales à peine aigus et formant un angle peu ouvert ; le style est peu ou point saillant ; les feuilles sont d'un beau vert, assez épaisses, finement denticulées à la marge, très-glabres et non calleuses à leurs sommet, toutes obtuses, oblongues ou linéaires, plus ou moins rétrécies inférieurement ; les tiges sont subligneuses, tortueuses, un peu tuberculeuses, à rameaux glabres, étalés, ascendants, redressés et garnis de feuilles assez écartées, surtout vers leur sommet. Il vient sur les rochers un peu frais et schisteux des régions alpines dans les Pyrénées où il est assez commun. Il est plus rare dans les Alpes. Je l'ai récolté au col de l'Arche (Basses-Alpes) et l'ai reçu du Piémont.

L'*I. saxatilis* L. présente des grappes un peu plus serrées et à fleurs plus petites que dans l'*I. garrexiana* All. Les silicules sont un peu rétrécies dans le bas, et leurs ailes sont moins distinctes vers la base ; les lobes de l'échancrure sont plus obtus. Le style est un peu plus court. Les feuilles sont beaucoup plus petites et plus nombreuses, fort charnues, souvent ciliées et non crénelées à la marge, terminées par un mucron calleux aigu ou rarement un peu obtus, toutes linéaires et très-rapprochées sur les tiges et vers la base du rameaux. Les tiges sont dures et très-tortueuses, assez courtes et fortement tuberculeuses après la chute des feuilles ainsi que le bas des rameaux. Il croît sur les rochers calcaires des montagnes élevées de la Provence, du Languedoc, et des Pyrénées orientales ; mais il est peu commun.

L'*I. corifolia* Sweet, qui est indiqué au Mont-Ventoux, n'est autre chose que le vrai *saxatilis* L.

L'*I. conferta* Lag. Varied. et Gen. et sp. p. 19, qui habite l'Espagne, paraît distinct de l'*I. saxatilis* par ses feuilles denticulées non ciliées, et ses rameaux allongés nus au sommet.

Les *I. sempervirens* L. et *gibraltarica* L. qui sont souvent cultivés dans les jardins sont assez rapprochés de l'*I. garrexiana*, mais l'un et l'autre très-bien caractérisés.

La distribution naturelle des espèces du genre *Iberis* offre beaucoup de difficultés, et l'on ne peut guère éviter l'arbitraire en les disposant dans une série unique ; car, s'il y a des espèces dont la place est très-bien marquée, il y en a d'autres qui marquent le passage d'un groupe à un autre. Ainsi, l'*I. aurosica* Chaix ne peut être séparé de l'*I. Candolleana* ; cependant il a sous plusieurs rapports une grande affinité avec les *I. Durandii* Lor. et Dur., *collina* (N), *divaricata* Tausch, etc.

L'*I. ciliata* All. se rapproche des *I. umbellata* L. et *linifolia* L. par ses grappes fructifères contractées, mais il en est d'ailleurs très-distinct. L'*I. pinnata* Gou. pourrait être placé parmi les les espèces à grappes contractées, mais je trouve qu'il a plus d'affinité avec l'*I. amara* L.

Les diverses espèces à racine annuelle ou bisannuelle, dont j'ai donné la description, peuvent être considérées comme formant six groupes disposés de la façon suivante :

1. *attica* (N.), *Sprunneri* (N.), *spathulata* Berg., *nana* All., *Candolleana* (N.), *aurosica* Chaix.

2. *umbellata* L., *hortensis* (N.), *amara* (N.).

3. *ciliata* All.

4. *linifolia* L., *stricta* (N.), *maialis* (N.), *polita* (N.), *Prostii* Soy-Will., *Timeroyi* (N.), *collina* (N.), *Violeti* Soy-Will., *Durandii* Lor. et Dur., *divaricata* Tausch, *boppardensis* (N.), *intermedia* Guers.

5. *amara* L., *panduræformis* Pourr.

6. *pinnata* Gou.

Il résulte des descriptions qui précèdent que toutes les espèces de la section *Iberidium* du genre *Iberis*, surtout les espèces françaises, offrent une grande similitude d'organisation. Chez elles, comme chez les principaux genres des crucifères, les sépales les pétales et les étamines ne diffèrent que par des nuances dans leur forme leur grandeur et leur couleur, et sont d'une faible ressource pour établir les distinctions spécifiques. Le style, comme chez les *Thlaspi*, *Alyssum*, etc., présente des différences de longueur, et le stigmate varie dans sa grosseur et la profondeur de son échancrure ; ce qui fournit des caractères souvent très-apparents et par conséquent très-utiles. Mais les véritables caractères spécifiques doivent être tirés avant tout de la forme des grappes fructifères qui sont allongées ou contractées, de la forme très-précise des silicules, des dimensions respectives des valves et de leurs ailes, de la forme des lobes de l'échancrure et de l'angle qui les sépare, de la forme et de la grosseur des graines, de la forme très-précise des feuilles ainsi que de leur consistance de leur aspect, etc., du port de la plante résultant de la direction des tiges et des rameaux ou de leur nombre et de leurs dimensions respectives, enfin de la souche qui est plus ou moins développée chez les espèces vivaces, et nulles chez les annuelles ou bisannuelles. Je ne crois pas qu'on puisse tirer quelques caractères des cotylédons, du funicule, des graines et de la cloison placentérienne, car ces organes m'ont paru fort semblables.

Soit que l'on compare des espèces d'apparence très-tranchée, telles que les *I. spathulata* Berg., *linifolia* L., *intermedia* Guers., soit que l'on compare des espèces très-voisines et difficiles à distinguer, telles que les *I. spathulata* Berg. et *nana* All., ou les *I. Durandii* et *Violeti,* ou les *I. intermedia* Guers. et *boppardensis* (N), on trouve exactement les mêmes différences, c'est-à-dire des différences portant sur les mêmes organes et tout-à-fait analogues, desquelles résulte un certain ensemble qui accuse le plus ou moins d'affinité d'une espèce avec une autre, mais dont il est impossible de contester la valeur sans porter en même temps une atteinte profonde aux distinctions spécifiques les mieux établies, à celles qu'on ne peut rejeter sans rejeter l'évidence.

Ainsi, si dans la distinction de l'*I. linifolia* et de l'*I. intermedia* Guers. on se fonde surtout sur ce que les grappes fructifères ne s'allongent pas et sont contractées dans le *linifolia,* tandis qu'elles s'allongent dans l'*intermedia,* quel jugement devra-t-on porter sur l'*I. polita* (N.), dont les grappes fructifères ne sont nullement contractées mais peu ou point allongées ? On n'aura certainement aucune raison de le rapporter à l'une plutôt qu'à l'autre espèce. Si l'on tient compte surtout du fruit, on n'hésitera pas à le rapprocher du *linifolia,* car les fruits de ces deux espèces se ressemblent beaucoup; mais alors il faudra négliger complètement les feuilles et admettre qu'elles sont essentiellement variables dans leur forme, leur grandeur, leur couleur, leur consistance, etc.

On n'aura également plus s'occuper de l'époque de la floraison, qui sera censée de nulle importance. La distinction des *I. intermedia* et *linifolia* reposera donc uniquement sur la forme du fruit, dans l'hypothèse de la réunion de l'*I. polita* à l'*I. linifolia*. Mais il sera très-facile de reconnaître qu'il existe une série d'intermédiaires parfaitement nuancés entre la forme du fruit de l'*I. linifolia* et l'*I. intermedia,* et l'on sera conduit logiquement à réunir ces deux espèces. Il est vrai que très-souvent l'on est porté à ne voir que ce qu'on veut voir et à ne reconnaître que ce qu'on veut reconnaître, parce qu'il est plus commode de faire abstraction des faits qui gênent. Si l'on tient donc à ne pas admettre qu'il existe d'intermédiaires entre la forme des fruits des *I. linifolia* et *intermedia,* on pourra encore les conserver comme espèces, mais il faudra rejeter en même temps toutes les espèces reconnues dont le fruit est semblable, telles, par exemple, que les *I. garrexiana* All. et *saxatilis* L., à moins qu'on ne veuille se servir de deux poids et de deux mesures dans ces sortes d'appréciations.

Je pourrais multiplier ici les exemples et faire voir, en renouvelant les comparaisons que j'ai déjà faites, que les espèces qui précèdent sont, pour ainsi dire, solidaires les unes des autres, de telle sorte que si l'on veut rejeter une ou plusieurs d'entre elles, on est forcé de les rejeter toutes ; mais ce que j'ai exposé me paraît suffisant pour mettre en évidence la fausseté de cette opinion si accréditée qui consiste à ne vouloir reconnaître que des espèces tranchées dans des genres où il n'y en a point de telles, ainsi que le vice de cette méthode qui tend à faire rentrer toutes les espèces les plus voisines dans quelques types, en attribuant à ces types une limite qui n'existe pas ; car il est manifeste que dans un tel système on est conduit par une conséquence rigoureuse à apprécier arbitrairement les espèces ou à les rejeter toutes, c'est-à-dire à l'absurde.

On pourra trouver sans doute qu'il y a de grands inconvénients à ce que le nombre des espèces qui est déjà immense soit encore augmenté. Mais, pour moi, je suis d'avis que le pire de tous les inconvénients pour la science, c'est de n'être pas dans le vrai, c'est de persister dans une voie fausse et d'envisager toujours les faits qui sont à connaître de manière à rester fidèle à une opinion qui est admise sans examen et sans preuves. Cette opinion, c'est que nos arbres fruitiers et nos plantes potagères sont issus de quelques types qui ont été successivement transformés. Mais, ces types n'étant pas connus et aucune de ces transformations n'ayant été scientifiquement constatée, il est impossible de trouver là un point de départ et de rien fonder sur une pareille analogie. La saine logique semble indiquer qu'il faut tenir au moins pour douteuse une telle opinion et la rejeter provisoirement. Si, au contraire, on examine avec attention et avec un esprit libre de tout préjugé les diverses formes qui existent à l'état spontané, lorsqu'on aura constaté leur existence, leurs caractères, leurs modifications, comme tous les faits de ce genre se constatent, on possèdera alors des données certaines et l'on aura des faits acquis à la science dont l'analogie sera seule irrécusable.

Ainsi, quand les roses spontanées seront bien connues, et que l'on aura trouvé les limites de ces formes si variées du genre *Rosa* qui existent sur nos collines et dans nos bois, on aura trouvé, pour ainsi dire, la clef du genre. Alors il sera très-facile d'apprécier toutes les roses cultivées et de ramener chacune d'entre elles à son type, en se servant des caractères qui distinguent les espèces sauvages. Il en sera de même pour les genres *Prunus, Pyrus,* etc.; lorsque l'étude des formes spontanées de ces genres sera bien faite, celle des formes cultivées n'offrira plus autant de difficulté. Cette marche me paraît la seule vraie, la seule scientifique et féconde; et si le résultat à peu près certain auquel elle doit aboutir est de faire reconnaître qu'il existe des espèces distinctes, qui sont intimement liées les unes aux autres et séparées comme par des nuances, il devra être accepté nécessairement, dût-il ébranler quelques systèmes et renverser les opinions les plus accréditées. On y verra confirmée par de nouvelles preuves cette double loi d'unité et de variété qui se révèle à nous de toute part dans l'étude des êtres et qui atteste avec évidence l'existence de deux principes des choses, principes toujours combinés, mais essentiellement divers et s'excluant même, de telle sorte qu'il est impossible d'admettre l'un sans l'autre ou de rapporter l'un à l'autre, et que fonder un système sur l'unité radicale et absolue de tous les êtres en ne voyant dans leur diversité qu'un simple effet d'une évolution dans l'unité, c'est lui donner pour base une absurdité non moins palpable que celle qu'implique la négation de l'ordre ou de la loi d'unité dans l'univers.

Explication de la première planche.

Fig. A. Iberis petræa (N).

1. La plante entière de grandeur naturelle.
2. Pétale grossi.
3. Silicule grossie deux fois.
4. Feuille des rosettes radicales.
5. Feuille caulinaire,

Fig. B. Iberis Timeroyi (N.).

1. Grappe fleurie de la plante de grandeur naturelle.
2. Fleur.
3 et 4. Sépale.
5 et 6. Le même grossi.
7. Pétale.
8. Etamine grossie.
9. Ovaire avec le style et le stigmate, grossi.
10. Le même vu de côté, pour montrer la forme du stigmate.
11. Glande du réceptacle grossie.
12. Silicule grossie deux fois.
13. Coupe de la silicule, pour montrer la position des graines.
14. Graine grossie.
15. Feuille inférieure de la plante dans son jeune âge,
16. Feuille caulinaire.

Fig. C. Iberis spathulata Berg.
» D. » nana All.
» E. » Candolleana (N.).
» F. » aurosica Chaix.
» G. » attica (N.).
» H. » Sprunneri (N.).
» I. » umbellata L.
» J. » hortensis (N.).
» K. » amœna (N.).
» L. » ciliata All.
» M. » pinnata Gou.
» N. » linifolia L.
» O. » polita (N.).
» P. » Prostii Soy-Will.
» Q. » collina (N.).
» R. » Violeti (N.).
» S. » Durandii Lor. et Dur.
» T. » boppardensis (N.).
» U. » intermedia Guers.
» V. » amara L.
» X. » panduræformis Pourr.
» Y. » garrexiana All
» Z. » saxatilis L.

Ces diverses figures représentent une silicule de chaque espèce grossie deux fois.

GENRE RAPISTRUM.

J'ai recueilli à Lyon, dans les champs cultivés, une espèce très-remarquable du genre *Rapistrum* que mon ami, M. Reuter, a reconnue pour être la même que celle qu'il a rapportée de Madrid en 1841, et signalée sous le nom de *R. Linneanum* Boiss. et Reut., dans les Diagnos. pl. nov. hisp. qu'il a publiés conjointement avec M. Boissier. Toutefois, le synonyme cité de Linné me paraît devoir laisser quelques doutes, car la description du *Myagrum hispanicum* donnée par Linné, dans le Sp. pl. p. 893, ne s'accorde pas très-bien avec celle du *R. Linneanum*. Il est dit du *Myagrum hispanicum : racemi longi virgati.... siliculæ lœves, nec sulcatæ rugosæ aut striatæ*, tandis que dans le *R. Linneanum* les rameaux sont divariqués mais assez courts, et les silicules sont *costatæ-reticulatæ*. Cette dernière espèce, qui sera sans doute retrouvée dans d'autres localités françaises, a le port du *Sinapis nigra* L. et se distingue du *R. rugosum* L. par des caractères fort saillants. Ses fleurs sont un peu plus petites ; les pétales ont le limbe moins arrondi et rétréci en onglet plus court. Les étamines sont moins saillantes, à anthères plus petites. Le style est égal à l'ovaire et non deux fois plus long. Le stigmate est de moitié plus petit et faiblement déprimé au centre. La silicule est de moitié plus petite, formée de deux articles ; le supérieur ovale-arrondi, pourvu de côtes et rugosités saillantes ; l'inférieur très-petit, ovale ou presque nul. Les feuilles sont très-amples, plus ou moins lyrées et sinuées-lobées, pétiolées, presque entières et oblongues dans le haut. La tige est dressée, très-rameuse, à rameaux étalés-divergents et beaucoup moins allongés que dans le *rugosum*.

Le *R. glabrum* Host, d'après la description très-insuffisante donnée par cet auteur dans son Flor. austr. 2, p. 220, semble différer du *Linneanum* par ses feuilles beaucoup plus étroites,

linéaires et très-entières dans le haut de la plante. Peut-être
n'est-il pas différent ? Koch le rapporte en synonyme au *R. rugosum*, comme une simple variation à fruits glabres.

J'ai recueilli à Bonifacio (Corse) et cultivé dans mon jardin un
Rapistrum qui a été indiqué comme étant le *R. orientale* (L. sub
Myagro), ce qui est fort douteux et fort difficile à éclaircir. Il me
paraît, dans tous les cas, une espèce bien caractérisée, quoique
très-voisine du *R. rugosum* L. Les fleurs sont d'un jaune plus
pâle que dans ce dernier. Les pédicelles sont plus allongés et environ de la longueur du calice qui est très-inégal à la base. Les
sépales sont glabres, linéaires, longs de 3 1/2 mill., égalant l'onglet des pétales, assez lâches. Les pétales ont le limbe largement
obovale et non obovale-oblong, souvent tronqué et subémarginé
au sommet, contracté en onglet presque d'égale longueur et rétréci vers sa base. Les étamines sont un peu exsertes, à filets
lisses, longs de 4 mill. environ dans les grandes, à anthères
ovales-oblongues, longues de 1 mill. sur 1/2 mill. de large, dépassant un peu le stigmate. L'ovaire est glabre, oblong, long de
1 1/4 mill., large de 3/4 mill., à article inférieur long de 3/4 mill.
Le style est long de 2 mill. et épais de 1/3 mill. Le stigmate est
faiblement émarginé, assez pâle, large de 1/2 mill. Les glandes
nectarifères sont très-petites, beaucoup plus courtes que dans le
R. rugosum. Les fruits sont notablement plus gros, glabres, très-
rugueux, à article inférieur presque nul. Les feuilles sont oblongues
ou lancéolées, sinuées dentées ou presque entières, à dents obtuses,
un peu aiguës au sommet, rétrécies en pétiole à la base. La tige est
très-rameuse, à rameaux allongés, très-effilés, courbés, souvent diffus.

Le *R. rugosum*, qui est très-commun dans le midi de la
France, a le fruit ordinairement velu, mais toujours plus gros
que dans le *R. Linneanum* et plus petit que dans le *R. orien
tale*. Il est très-différent du premier par son port et du second
par les caractères que j'ai indiqués, notamment par l'article inférieur de la silicule, qui est beaucoup plus allongé.

GENRE CYTISUS.

Le *C. elongatus* Waldst. et Kit. est une plante rare et peu connue qui n'a encore été signalée qu'en Hongrie. L'ayant découvert dans une localité française et ayant pu observer ses caractères avec soin, je ne doute pas qu'il ne constitue une très bonne espèce assez voisine du *C. ratisbonnensis* Schæffer et du *C. falcatus* Waldst et Kit., mais distincte de l'un et de l'autre, quoique Koch, dans le Syn. fl. germ. éd. 2, p. 171, ait émis avec doute l'opinion qu'il pouvait n'être qu'une variété du premier. En voici la description.

CYTISUS ELONGATUS Waldst. et Kit.

Waldstein et Kitaibel, Pl. rar. hung. v. 2, p. 200, t. 183.

Fleurs naissant avec les feuilles tout le long des rameaux, réunies au nombre de 2-4 au centre de faisceaux de feuilles ou de bourgeons, inclinées horizontalement, formant des grappes allongées très-lâches dressées ou rarement un peu arquées en dehors. Pédicelles plus courts que le tube du calice, ou le dépassant un peu, très-velus. Calice tout couvert de poils mous, blanchâtres, étalés; tube oblong, comprimé, presque égal, légèrement rétréci vers le pédicelle; lèvre supérieure à lobes très-courts, ovales, obtus, divergents; lèvre inférieure presque égale au tube, ovale-oblongue, terminée par trois dents rapprochées très-petites. Corolle glabre, double du calice; étendard ovale-arrondi, subémarginé, presque aussi large que long; ailes oblongues, obtuses et un peu tronquées au sommet, dépassées de beaucoup par l'étendard; carène obtuse de la largeur des ailes et un peu plus courte. Gousse oblongue, étroite, comprimée, un peu noirâtre, très-velue. Graines au nombre de 4-12, ovales-arrondies, comprimées, rembrunies, lisses et luisantes. Feuilles toutes pétiolées et trifoliées, sans stipules. Folioles plus courtes que les pétioles, elliptiques ou obovales, entières, obtuses et souvent mucronulées au sommet, couvertes sur les deux faces, surtout en dessous, de poils fins appliqués blanchâtres. Tige ligneuse, dressée, très-rameuse; rameaux dressés, allongés, effilés, couverts de poils appliqués, à la fin glabres. Arbrisseau de 12 à 15 déc.

Je l'ai découvert à Châteaubourg, près Tournon (Ardèche), où il croît sur un sol calcaire, parmi les broussailles et dans les lieux rocailleux des collines. Il fleurit vers la fin d'avril ou dès les premiers jours de mai. Les fleurs sont d'un jaune assez pâle et brunissent légèrement par la dessiccation. La longueur totale du calice est de 13 mill.; le tube est long environ de 7-8 mill. et large de 4-5 mill. L'étendard de la corolle a le limbe réfléchi sur les côtés pendant la floraison, long de 14-15 mill. et de largeur presque égale, contracté à la base en un onglet de même longueur, fortement canaliculé et atténué inférieurement. Les ailes sont longues de 11 mill. sur 4 mill. de large, à onglet plus court, dépassant la carène de 2 mill. Les anthères sont d'un beau jaune, oblongues. L'ovaire est linéaire-oblong, atténué au sommet et terminé par un style qui n'égale pas sa longueur. Les gousses sont longues de 25-30 mill. sur 5 mill. de large; elles renferment rarement plus de 5-6 graines bien conformées. Celles-ci sont longues de 3 mill. et de largeur presque égale; le hile est blanchâtre. Les cotylédons sont ovales-elliptiques, longs de 7-8 mill. sur 5 mill. de large, de consistance assez épaisse. Les écailles des bourgeons sont courtes, ovales, grisâtres ou rembrunies. Les pétioles des feuilles sont semi-cylindriques, marqués d'un étroit sillon en dessus, couvertes de poils appliqués ou un peu lâches. Les folioles sont distinctement pétiolulées et de forme subelliptiques, toujours rétrécies à la base et souvent un peu au sommet, dépassant rarement 2 cent. en longueur et 1 cent. en largeur, d'un assez beau vert, brunissant facilement par la dessiccation. Les feuilles des jeunes rameaux sont alternes, et celles des vieilles branches fasciculées ou le plus souvent géminées.

Le *C. ratisbonensis* Schæffer diffère de l'*elongatus* par son port plus grêle et ses rameaux souvent très-allongés, mais toujours étalés ou un peu ascendants, tandis qu'ils montent très-droit dans l'*elongatus*. Ses calices à poils appliqués le font reconnaître aisément ; mais ses divers organes offrent du reste beaucoup de similitude.

Le *Cytisus biflorus* décrit et figuré par Waldstein et Kitaibel, Pl. rar. hung. v. 2, p. 181, t. 166, est évidemment une plante distincte du *C. ratisbonensis* par ses fleurs plus écartées, plus petites, très-brièvement pétiolées; ses calices à tube plus étroit ; ses feuilles plus petites, plus courtes que les fleurs ; ses rameaux dressés, raides, très-simples.

Le *C. falcatus* Waldst. et Kist. diffère du *C. elongatus* par ses tiges beaucoup plus basses, inclinées à la base et non dressées, très-peu rameuses ; ses feuilles plus larges, couvertes en dessous et sur les bords de poils étalés ; ses fruits plus larges, un peu courbés en faulx et beaucoup moins velus. Koch le rapporte au *C. hirsutus* L. qui est encore en litige.

GENRE GENISTA.

L'espèce signalée par Villars, dans sa Flore du Dauphiné, sous le nom de *G. humifusa* L? est restée longtemps une plante très-douteuse et fort peu répandue dans les herbiers. Ayant appris que M. Delaplane de Sisteron l'avait retrouvée au lieu cité par Villars, je suis allé moi-même la recueillir dans cette localité unique, et j'ai pu m'assurer par l'examen d'un grand nombre d'individus qu'elle était réellement bien distincte de toutes nos autres espèces françaises.

Le *G. humifusa* décrit par Linné, Sp. pl. p. 998, avec le synonyme de Tournefort, Cor. 44, est une plante d'Orient qui n'est point la même que celle du Dauphiné, comme déjà l'avait fortement soupçonné Villars. M. Spach l'a désignée sous le nom de *G. commixta*, mais je suis d'avis que c'est elle qui doit conserver le nom Linnéen, et que ce nom ne peut être appliqué à aucune autre espèce qu'à celle qui est conservée dans l'herbier de Tournefort avec cette étiquette : *Genista pontica minima humifusa, foliis subrotundis ad oras pilosis.* M. Sagot, qui a pu l'examiner, a bien voulu m'en transmettre le dessin, accompagné de notes détaillées sur ses caractères. Ses feuilles ne sont pas *subrotundis*, comme l'indique Tournefort, mais plutôt elliptiques-oblongues ou lancéolées, comme il est dit dans la description du Species pl. de Linné; elles sont plus larges que dans la plante de Villars, garnies de poils étalés sur les bords, mais presque glabres sur les deux faces, surtout en dessous. Ses fleurs sont presque sessiles; les lobes du calice sont assez étroits, peu inégaux et presque aussi longs que le tube qui est campanulé. La corolle est glabre et a l'étendard un peu plus long que la carène qui dépasse aussi les ailes. Ces divers caractères ne conviennent aucunement à la plante de Villars, dont l'aspect est d'ailleurs bien différent. **Je vais en donner la description.**

GENISTA VILLARSIANA (N.).

G. humifusa Villars, Fl. Dauph. v. 3, p. 421, t. 44, non Linné.

Fleurs solitaires naissant au centre de faisceaux de feuilles et formant des grappes très-courtes presque unilatérales. Pédicelles velus, plus courts que le calice. Celui-ci très-velu-blanchâtre, à poils lâches étalés ; tube court, campanulé ; lèvre supérieure divisée jusqu'au-delà de sa base en 2 dents ovales-lancéolées ; lèvre inférieure divisée jusqu'au milieu en 3 dents lancéolées non rapprochées. Corolle presque triple du calice, très-velue-soyeuse en dehors ; étendard à limbe ovale, très-peu ou point émarginé, à onglet très-court ; ailes glabres, oblongues, plus étroites et plus courtes que la carène ; celle-ci très-velue, oblongue, obtuse, presque droite, égalant ou dépassant un peu l'étendard. Gousse oblongue, comprimée, velue. Graines 2-4, ovales-arrondies, comprimées, lisses, d'un brun verdâtre. Feuilles simples, oblongues, brièvement pétiolulées, sans stipules, toutes couvertes sur les deux faces, surtout en dessous, de poils lâches étalés blanchâtres, Tiges ligneuses, très-basses, diffuses, très-ramifiées et tortueuses avec l'âge ; jeunes rameaux courts, très velus-blanchâtres et striés, dressés-étalés, souvent arqués et déjetés irrégulièrement, très-feuillés. Racine dure, ligneuse, presque simple, très-profonde. Plante très-basse, s'élevant à peine de 3 à 5 cent. au-dessus de terre dans le lieu très-rocailleux qu'elle habite, à ramifications très-denses, épanouies en tous sens et déjetées.

Il croît sur le sommet de la montagne de St-Genis-le-Désolé, entre Serres et Laragne (Hautes-Alpes), au lieu dit Brame-Buou. Il fleurit en juillet et août. Les fleurs sont d'un assez beau jaune, surtout sur les ailes dont la couleur est plus vive. La longueur totale de la fleur est d'environ 10 mill. Le calice est long de 4 mill.

à peine, Le limbe de l'étendard est large de 6-7 mill. et de longueur à peu près égale ; les ailes sont larges de 1 3/4 mill., et
dépassées de 1 mill. par la carène qui est large de 2 1/4 mill.
Le style est courbé au sommet, plus long que l'ovaire et presque
égal à la carène. La gousse est longue de 10-13 mill. au plus sur
4 mill. de large. Les graines sont longues de 2 3/4 mill. sur 2 1/4
mill. de large ; elles offrent à l'ombilic une dépression ou échancrure très-marquée. Le funicule est très-court. Les cotylédons sont
elliptiques-obovales, glabres, rougeâtres en dessous, longs de
8 mill. sur 5-6 mill. de large. Les feuilles de la plante naissante
sont très-hérissées-blanchâtres en dessous, hispidules en dessus,
oblongues, dressées. La tige à l'état jeune est velue, dressée un
peu obliquement et quelquefois légèrement courbée en dehors.
Les écailles des bourgeons sont épaisses, ovales-arrondies, mu-
cronées, persistantes, à la fin striées, presque glabres. Les rameaux
vieillis sont fortement striés, tandis que la partie inférieure des
tiges qui constitue la souche paraît très-lisse. L'extrémité des rameaux est quelquefois subspinescente.

Cette espèce est assez voisine du *G. pilosa* L., mais fort distincte. Ce dernier, qui est quelquefois très-petit et très-rabougri,
surtout dans les rocailles calcaires, est très-facile à reconnaître à
ses feuilles bien plus élargies au sommet et plus obtuses, glabres
en dessous et couvertes en dessous de poils soyeux appliqués ; ses
pédicelles plus allongés, couverts de poils appliqués ainsi que le
calice, dont la lèvre inférieure offre des dents plus rapprochées et
plus étroites ; ses corolles à pubescence appliquée, à étendard étalé
et un peu arqué en dehors, dépassant la carène qui est presque
de niveau avec les ailes ; ses gousses moins lâchement velues, de
forme plus oblongue-linéaire, égalant ou dépassant 20 mill. en
longueur et atteignant à peine 4 mill. en largeur ; ses graines plus
nombreuses, à funicule moins court, plus arrondies et moins
échancrées vers l'ombilic, notablement plus petites, longues de
2 mill. sur 1 3/4 mill. de large. Il est très-commun sur la monta-

gne même où croît le *G. Villarsiana*, et se trouve presque par toute la France. Dans les terrains primitifs, il s'allonge beaucoup plus que dans les terrains calcaires et ses tiges sont plus relevées, mais je ne crois pas qu'il existe d'autres différences notables entre ces deux états. Le *G. pilosa*, qui croît à Hyères et est commun dans toute la chaîne des Maures et de l'Esterelle, est toujours très-grêle et très-effilé. Il mériterait peut-être d'être étudié avec soin et soumis à la culture.

Explication de la deuxième planche.

Fig. A. Genista Villarsiana (N.).

1. La plante entière de grandeur naturelle.
2. Fleur complète.
3 et 4. Calice.
5. Étendard grossi.
6. Aile grossie.
7. Carène grossie.
8. Ovaire avec le style grossi.
9. Gousse.
10. Graine grossie.
11. Cotylédon.
12. Feuille.

Fig. B. Genista humifusa L.

1. Fragment de la plante de grandeur naturelle.
2. Fleur complète.

NOTA. — Par suite d'une erreur typographique, le *Thlaspi Gaudinianum* Jord., a été indiqué dans le troisième fragment de mes Observations comme croissant à Dôle au lieu de la Dôle, montagne très-connue située près les Rousses (Jura).

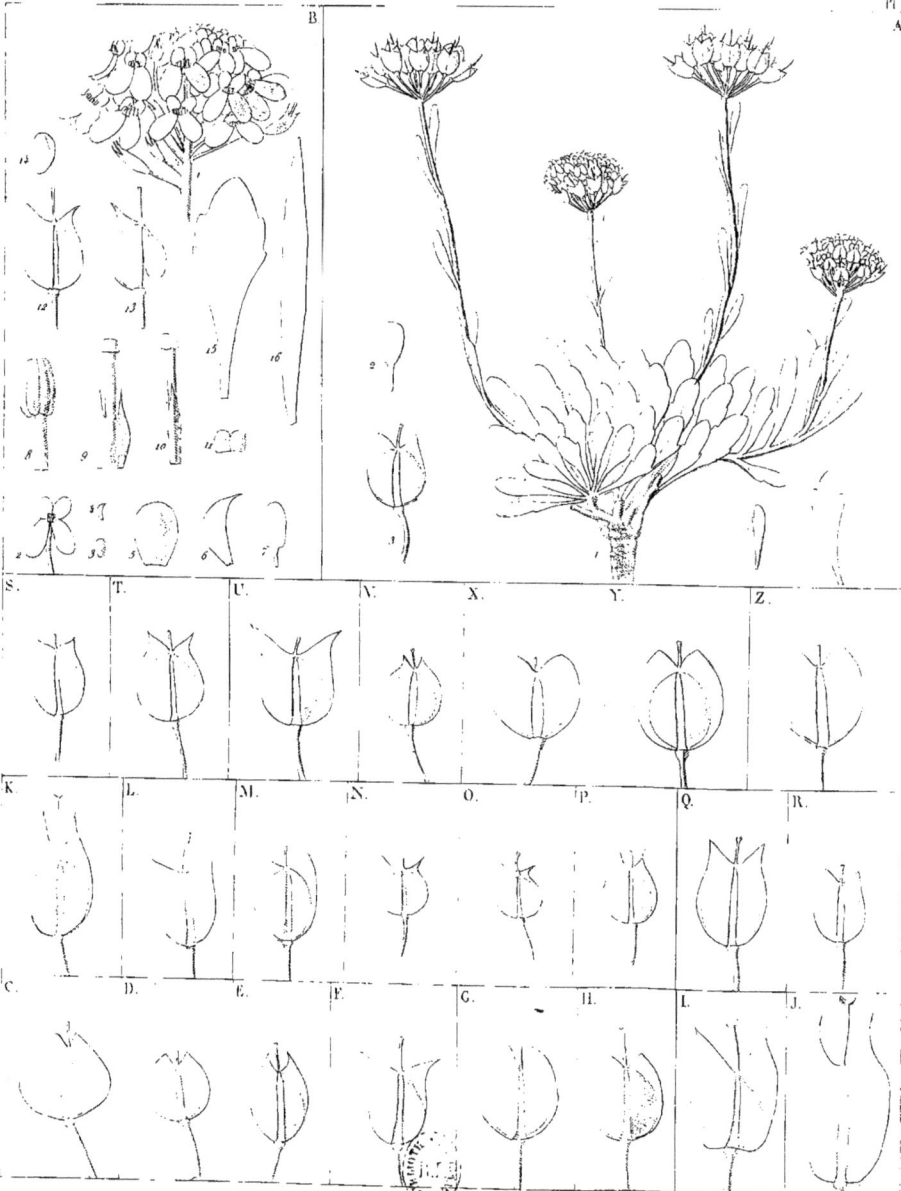

A. Iberis petraea. B. I. Timeroyi. C. I. spathulata. D. I. nana E. I. Candolleana. F. I. aurosica. G. I. attica.
H. I. Sprunneri. I. I. umbellata. J. I. hortensis. K. I. amoena L. I. ciliata. M. I. pinnata. N. I. linifolia
O. I. polita. P. I. Prostii. Q. I. collina. R. I. Violeti. S. I. Durandii. T. I. boppardensis. U. I. intermedia.

Pl 2

A.

B.

A Genista Villarsiana.   B G. humifusa.

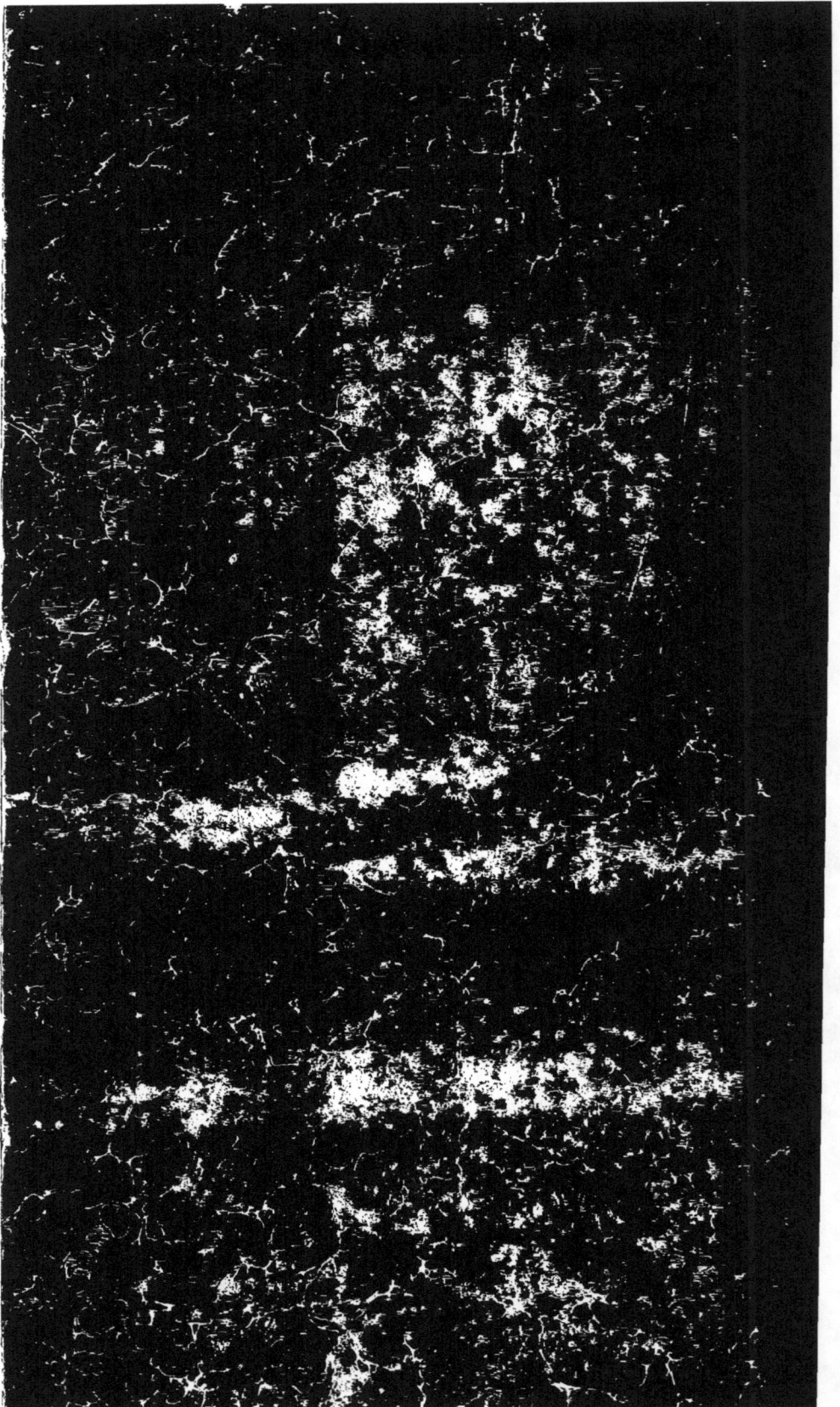

www.ingramcontent.com/pod-product-compliance
Lightning Source LLC
Chambersburg PA
CBHW071108210326
41519CB00020B/6227